A. Kist...

Geschichte der Physik 2

Die Physik von Newton bis zur Gegenwart

Verlag
der
Wissenschaften

A. Kistner

Geschichte der Physik 2

Die Physik von Newton bis zur Gegenwart

ISBN/EAN: 9783957001238

Auflage: 1

Erscheinungsjahr: 2014

Erscheinungsort: Norderstedt, Deutschland

Hergestellt in Europa, USA, Kanada, Australien, Japan
Verlag der Wissenschaften in Hansebooks GmbH, Norderstedt

Cover: Foto ©Markus Wegner / pixelio.de

Verlag
der
Wissenschaften

Sammlung Göschen

Geschichte der Physik

II

Die Physik von Newton bis zur Gegenwart

Von

A. Kistner

Professor an der Großh. Realschule zu Sinsheim a. E.

Mit 3 Figuren

Inhalt.

Literatur.

Gerland, Geschichte der Physik. Leipzig 1892.
Gerland und Traumüller, Geschichte der physikalischen Experimentierkunst. Leipzig 1899. (Behandelt die Entwicklung der physikalischen Apparate bis etwa 1850.)
Heller, Geschichte der Physik. 2 Bde. Stuttgart 1882—84. (Gibt eine gute, aber nicht übersichtliche Darstellung bis Robert Mayer.)
Poggendorff, Geschichte der Physik. Leipzig 1879.
Rosenberger, Geschichte der Physik in Grundzügen. 3 Bde. in 2. Braunschweig 1882—90.

Dühring, Kritische Geschichte der allgemeinen Prinzipien der Mechanik. Berlin 1873.
Hoppe, Geschichte der Elektrizität. Leipzig 1884.
Mach, Die Geschichte und die Wurzel des Satzes von der Erhaltung der Arbeit. Prag 1872.
Mach, Die Mechanik in ihrer Entwicklung historisch-kritisch dargestellt. Leipzig 1888.
Mach, Die Prinzipien der Wärmelehre historisch-kritisch entwickelt. Leipzig 1896.
Rosenberger, Die moderne Entwicklung der elektrischen Prinzipien. Leipzig 1898.

Wichtige Originalabhandlungen, neu herausgegeben oder übersetzt, meist gekürzt, bietet die Sammlung:
Ostwalds Klassiker der exakten Wissenschaften. Leipzig.
Die ersten Veröffentlichungen finden sich meist in folgenden Fachzeitschriften:
Grens Journal der Physik. 1790—94.
Grens neues Journal der Physik. 1795—98.
Gilberts Annalen der Physik und Chemie. 1799—1824.
Poggendorffs Annalen der Physik und Chemie. 1824—76.
Wiedemanns Annalen der Physik und Chemie (mit Beiblättern). Seit 1877.
Die Fortschritte der Physik, dargestellt von der physikalischen Gesellschaft in Berlin. Seit 1845.
Annales de chimie et de physique. Seit 1789.
Comptes rendus hebdomadaires des séances de l'Académie des sciences. Seit 1835.
Philosophical Transactions of the Royal Society of London. Seit 1665.
Proceedings of the Royal Society. Seit 1849.

Einleitung.

Die Physik nach Newton erhält durch die mächtige um die Mitte des achtzehnten Jahrhunderts einsetzende Entwicklung der Elektrizitätslehre ein äußerst charakteristisches Gepräge. Das neue Gebiet konnte mit der reichen Fülle seiner seltsamen und verschiedenartigen Erscheinungen jedem, auch dem weniger hervorragenden Physiker die Möglichkeit zu interessanten und wichtigen Versuchen und Entdeckungen gewähren. An der Schwelle des neunzehnten Jahrhunderts erfolgte die Entdeckung des Galvanismus, der in seiner weiteren Ausgestaltung die ältere Elektrizitätslehre in wenigen Jahrzehnten gewaltig überflügelte und auf die übrigen Teile der Physik befruchtend einwirkte.

Wenn es auch stets mißlich ist, die Entwicklungsgeschichte geistiger Errungenschaften nach Jahrhunderten abzuteilen, so läßt sich dies noch am ehesten für die Elektrizitätslehre rechtfertigen, weshalb wir auch davon Gebrauch machen wollen. Aus Zweckmäßigkeitsgründen erweitern wir diese Säkulareinteilung für das ganze Gebiet der Physik, die wir dem Brauche der meisten Hochschulvorlesungen und Lehrbücher folgend nach den einzelnen Disziplinen behandeln, obwohl die Grenzen zwischen diesen nicht scharf sind.

Das achtzehnte Jahrhundert.

Die Mechanik.

Im achtzehnten Jahrhundert erfuhr die Mechanik eine charakteristische Umgestaltung durch das Bestreben, ihre Probleme rein analytisch zu behandeln und allgemein gültige Prinzipien aufzustellen. Die günstige Entwicklung der von Leibniz und Newton erfundenen Differential- und Integralrechnung[1]) trug außerordentlich zum raschen Emporblühen dieses Zweiges der theoretischen Physik bei. Andererseits regte aber auch die eigenartige Betrachtungsweise der analytischen Mechanik zu neuen, meist sehr schwierigen mathematischen Untersuchungen an, die schließlich so in den Vordergrund traten, daß das eigentliche physikalische Interesse fast völlig dahinter verschwinden mußte. In den meisten Fällen handelt es sich sogar um Probleme, die für gar keine Naturerscheinung praktisch verwendbar sind. Man pflegt daher heutzutage die analytische Mechanik als ein Gebiet der Mathematik anzusehen, so daß ihre Entwicklungsgeschichte außerhalb des Rahmens unserer Betrachtungen fällt und füglich von uns übergangen werden darf. Einschlägige Schriften sind im Literaturverzeichnis angeführt.

Als Richer die Veränderlichkeit der Sekundenpendellänge für verschiedene geographische Breiten erwiesen hatte (1673), glaubten seine Gegner, diese durch einen Einfluß der Wärme erklären zu müssen. Unter einem heißeren Himmelsstrich dehnt sich, wie bei uns im Sommer, die metallene Pendelstange aus, was eine Verlängerung der Schwingungsdauer, d. h. ein „Nachgehen der Uhr" hervorruft und eine Verschiebung der Pendellinse nach aufwärts notwendig macht. Im bürgerlichen Leben ist eine derartige Regulierung der Pendeluhr schon unangenehm, aber noch nicht so störend wie bei Zeitmessern für astronomische Zwecke. Der Uhrmacher und Mechaniker George Graham (1675—1751) suchte diesem Übelstand durch hölzerne Pendelstangen abzuhelfen (1715), ohne jedoch dadurch befriedigt zu werden. Im Jahre 1721 ersann er die Kompensation durch Quecksilber, das, in ein Gefäß eingeschlossen, die Pendelmasse bildet. Durch die Wärme dehnen sich Quecksilber und Pendelstange aus, aber in entgegengesetzten Richtungen. Die Einrichtung ist so

---

[1]) Vgl. Sammlung Göschen Nr. 226, S. 122.

getroffen, daß der Schwerpunkt des Systems seine Lage nicht ändert. Graham hatte sich auch, aber ohne eigentlichen Erfolg, mit der Idee des „Rostpendels" befaßt, doch gelang es erst (1725) John Harrison (1693—1776), eine brauchbare Konstruktion zu ersinnen. Auch den störenden Temperatureinfluß auf tragbare Uhren konnte Harrison beseitigen, indem er die Unruhe aus zwei verschiedenen Metallstreifen verfertigte. Überhaupt brachte er seine Instrumente auf eine hohe Stufe der Vollendung. Im Jahre 1713 hatte das englische Parlament Preise von 20 000, 15 000 und 10 000 Pfund ausgesetzt für die Erfindung einer Methode, um eine geographische Länge auf dem Meere bis auf $\frac{1}{2}^0$, $\frac{2}{3}^0$ und 1^0 zu ermitteln. Neben den Mathematikern und Astronomen, die sich der Aufgabe zuwandten, kommt besonders Harrison in Betracht. Im Jahre 1758 erhielt er für eine Uhr, die bei einer Fahrt nach Jamaika in 161 Tagen nur einen Fehler von 65 Sekunden gab, eine Prämie von 5000 Pfund. Er vervollkommnete die Uhr so, daß sie 1764 bei einer Fahrt nach Amerika in 156 Tagen nur noch um 54 Sekunden differierte. Das Parlament erkannte ihm dann 10 000 Pfund zu.

Die Beobachtung Richers hatte einen eigentümlichen Streit der Meinungen erzeugt. Wer sie durch einen Temperatureinfluß zu erklären suchte, wie die Pariser Akademie, brauchte an der Kugelgestalt der Erde nicht zu zweifeln. Wer aber von der Zunahme der Schwere vom Äquator gegen die Pole hin überzeugt war, mußte, wie Huygens und Newton, die Erde als ein an den Polen abgeplattetes Rotationsellipsoid ansehen. Man stand also bezüglich der Erdgestalt vor der Frage: „Kugelförmig oder abgeplattet?" Man war deshalb äußerst erstaunt, als die Gradmessung durch Cassini (1625 bis 1712) und La Hire (1640—1718) während der Jahre 1683—1718 die Antwort „Zugespitzt" lieferte. Es ergab sich nämlich das seltsame Resultat, daß die Gradlängen von dem Pole gegen den Äquator hin eine Zunahme zeigten, woraus allerdings zu folgern ist, daß die Erde ein an den Polen verlängertes Rotationsellipsoid ist. Den dadurch geweckten Streit zwischen den englischen und französischen Gelehrten suchten diese durch eine neue Gradmessung in zwei verschiedenen Gegenden der Erde zu entscheiden. La Condamine (1701—74) und Bouguer (1698—58) führten (1735 bis 1742) in Peru, ferner Maupertuis (1698—1759) und

Clairaut (1713—65) in Lappland Messungen aus, die den unwiderleglichen Beweis für die Ansicht von Newton und Huygens lieferten [1]).

Die zweite große französische Gradmessung sollte einem mehr praktischen Bedürfnis dienen, nämlich der Schaffung einer allgemeinen der Natur entnommenen Längenmaßeinheit. An entsprechenden Vorschlägen hatte es schon früher nicht gefehlt; wir erinnern nur an Huygens. Am 8. Mai 1790 entschloß sich die Nationalversammlung, als Einheit die Länge eines Sekundenpendels unter 45° geographischer Breite zu wählen, einigte sich aber am 30. März 1791 auf den vierzigmillionten Teil eines Meridians. Den erforderlichen Bogen maßen 1792 und in den folgenden Jahren Méchain (1744 bis 1804) und Delambre (1749—1822) zwischen Dünkirchen und Barcelona. Durch ein Gesetz vom 25. Juni 1800 wurde dann die neue Maßeinheit, „das Meter" eingeführt. Es hat aber nicht allzulange gedauert, bis man es als fehlerhaft erkannte. Man verzichtete aber darauf, eine mit der Natur besser übereinstimmende Einheit zu schaffen.

Anläßlich der peruanischen Gradmessung hatte Bouguer am Chimborasso eine Ablenkung des Lotes um 7 bis 8 Sekunden von der astronomisch bestimmten Vertikalen beobachtet. Diese Erscheinung war durch die Anziehung des Berges auf die Pendelmasse verursacht. Der Astronom Maskelyne (1732—1811) und der Mathematiker Hutton (1737 bis 1823) gründeten darauf eine interessante Bestimmung der Dichte und Masse der Erde.

An zwei Stationen nördlich und südlich von dem Shehallien in Schottland mit einer Breitendifferenz von 42,94 Sekunden wurde auf astronomischem Wege eine Polhöhendifferenz von 54,6 Sekunden ermittelt. Der Unterschied von 11,6 Sekunden kam durch eine Veränderung der Horizontalen, die von den Ablenkungen des Lotes durch den Shehallien bedingt war. Die geometrische einfache Form des Berges und seine ermittelte Dichte gestattete dann, die Erddichte zu berechnen. Als wahrscheinlichsten Wert ergaben die Messungen (1774—76) die Zahl 4,93.

Ein anderes Verfahren zur Bestimmung der Erddichte gab Henry Cavendish (1731—1810) an. Er benutzte (1798) zu

---

[1]) Über Gradmessungen siehe Sammlung Göschen Nr. 92, Kap. X.

seinen Messungen die Drehwage, die man gewöhnlich Coulomb (1736—1806) zuschreibt, die aber tatsächlich 1768 von dem 1793 verstorbenen englischen Pfarrer John Michell ausgedacht worden ist. Der Apparat Cavendishs bestand aus einem leichten in der Mitte an einem feinen Draht hängenden Holzstab, der an jedem Ende eine kleine Metallkugel trug. Durch Annäherung großer Bleiklötze erzielte man eine meßbare Anziehung. Der von Cavendish gefundene Wert für die Erddichte ist 5,48. Der Versuch ist auch dadurch von Interesse, daß er erstmalig die Anziehung zweier Massen demonstrierte.

Von mehr technischer als rein wissenschaftlicher Bedeutung lieferte das 18. Jahrhundert Untersuchungen über die Größe des Luftwiderstandes, der Reibung auf Straßen, der Arbeitsleistungen von Menschen und Tieren usw. Diesbezügliche Apparate sind z. B. das ballistische Pendel (1745) von Benjamin Robins (1707—51) und das Federdynamometer (1798) von Regnier (1751—1825).

Für die Theorie der Reibung gab Amontons (1663—1705) zu Paris wichtige Aufschlüsse. Er lieferte nämlich an der Schwelle des 18. Jahrhunderts den Beweis, daß die Größe der Reibung nur vom Druck auf die Berührungsfläche, aber keineswegs von deren Größe abhängt. Er demonstrierte dies, ähnlich wie man es heute noch tut, an einem rechteckigen Parallelepiped, das, auf drei verschiedene Seitenflächen gelegt, dieselbe Kraft zur Fortbewegung benötigt. Von Leibniz (1646—1716) wurde zuerst auf den Unterschied zwischen gleitender und rollender Reibung aufmerksam gemacht.

In der Technik macht man von beiden Arten der Reibung ungemein häufig Gebrauch, aber auch bei wichtigen physikalischen Demonstrationsapparaten, z. B. bei der von Atwood (1745—1807) angegebenen Fallmaschine (Friktionsrollen), mit der sich die Gesetze des freien Falls, überhaupt der gleichmäßig beschleunigten Bewegung leicht experimentell nachweisen lassen.

Groß ist auch die Zahl der Automaten und ähnlicher Apparate, die im 18. Jahrhundert entstanden. Wirkliche Kunstwerke schuf z. B. de Vaucanson (1709—82), während der ungarische Hofrat von Kempelen (1734—1804), von dem auch eine Sprechmaschine (1791) stammt, bei der Konstruktion einer schachspielenden Figur sich eine kleine Betrügerei gestattete. Man nahm es darin aber nicht sehr genau. So entstand mancher Mechanismus, der ein „Perpetuum mobile" sein sollte und auf einen mehr oder weniger deutlichen Schwindel hinauslief. Die Weigerung der Pariser Akademie (1775), sich mit der Beurteilung solcher Vorrichtungen abzugeben, war ohne Einfluß.

Alle derartigen Apparate basieren auf dem berechtigten Wunsche, die Kräfte der Natur möglichst zweckmäßig auszunutzen. An Stelle der üblichen Mühlräder ersann (1750) Segner (1704—77) in Göttingen das nach ihm benannte Wasserrad, nachdem Daniel Bernoulli (1700—82) die diesbezüglichen Gesetze aufgestellt hatte. Segners Maschine wurde 1750 erstmalig bei einer Getreidemühle in Nörten bei Göttingen benutzt. Der Name „Turbine" stammt übrigens nicht von Segner, sondern von dem französischen Ingenieur Burdin, der damit ein von ihm im Jahre 1824 ersonnenes Wasserrad bezeichnete.

Die durch Segner verwertete Reaktion strömenden Wassers kam auch bei dem sog. Stoßheber oder „hydraulischen Widder" zur Verwendung, den der Papierfabrikant Joseph Michel Montgolfier (1740—1810) im Jahre 1796 zum Heben von Wasser konstruierte. Am bekanntesten ist Montgolfier und sein jüngerer Bruder Jacques Étienne Montgolfier (1745—99) durch den ersten Luftballon geworden, zu dessen Geschichte wir etwas zurückgreifen müssen.

Der Jesuit Francesco Lana (1631—87) hatte 1670 den Vorschlag gemacht, sich durch luftleere Kugeln in die Luft zu heben. Sie sollten $7\frac{1}{2}$ Meter Durchmesser und etwa $\frac{1}{6}$ Millimeter Wandstärke besitzen. Da sie 285 kg Luft verdrängen und selbst nur 180 kg wiegen, könnte man tatsächlich einen Auftrieb von 100 kg erzielen. Von einer Ausführbarkeit kann natürlich keine Rede sein, da die papierdünnen Wände den ungeheuren Luftdruck von über anderthalb Millionen Kilogramm nicht aushalten können.

Die Beobachtung, daß heiße Luft leichter ist als kalte und dadurch in die Höhe steigt, regte zu weiteren Versuchen an. Den ersten Aufstieg mit einem Heißluftballon unternahm der Pater de Gusman (1685—1724) am 8. August 1709 in Lissabon. Der Ballon ging durch einen Stoß an ein Haus zugrunde, so daß sich die Inquisition genötigt sah, weitere Versuche zu verbieten.

Die Gebrüder Montgolfier stellten zunächst Experimente mit Papierbehältern an, die unten eine Öffnung hatten, durch welche man den Ballon mit Rauch von Papier und feuchtem Stroh füllen konnte. Die Behälter stiegen wirklich in die Höhe. Am 5. Juni 1783 ließen die Brüder zu Annonay den ersten mit heißer Luft gefüllten Luftballon — eine sog. Montgolfiere — aufsteigen. Sie war aus Leinwand gefertigt, hatte 12 m Durchmesser und konnte außer ihrem eigenen Gewicht von 219 kg noch weitere 200 kg tragen. Angeregt durch den guten Erfolg, unternahm auch der Physiker **Charles** (1746—1823) in Paris den Bau eines Ballons. Zur Füllung benutzte er das Wasserstoffgas, das wegen seines geringen spezifischen Gewichts — $1/14$ auf Luft bezogen — ganz besonders geeignet erschien. Henry Cavendish hatte es (1766) entdeckt, **Black** (1728—99) schon 1768 die Möglichkeit erkannt, leichte Gefäße damit aufsteigen lassen zu können; 1782 hatte **Cavallo** (1749—1809) dies auch an Seifenblasen gezeigt. Nachdem es Charles gelungen war, Taffet so zu imprägnieren, daß er für Wasserstoffgas undurchlässig wurde, füllte er einen daraus gefertigten Ballon von etwa 4 m Durchmesser mit diesem Gase und ließ ihn am 27. August 1783 auf dem Marsfelde steigen. Nach drei Viertelstunden kam er bei Gonesse (in der Nähe von Le Bourget) wieder auf den Boden zum großen Schrecken der Bauern, die mit Dreschflegeln und Mistgabeln dem vom Himmel gefallenen Ungetüm den Garaus machten, so daß Charles nur noch jämmerliche Fetzen vorfand.

Der erste Aufstieg von Menschen erfolgte noch im gleichen Jahre am 21. Oktober 1783 in einer Montgo''iere. Pilâtre de Rozier (1756—85) hatte die Anregung gegeben, der König verweigerte aber die Erlaubnis, versprach jedoch, zwei zum Tode verurteilte Verbrecher zu begnadigen, wenn sie sich zu dem waghalsigen Experiment hergeben wollten. Er nahm jedoch davon Abstand, als sich der einflußreiche Marquis d'Arlande erbot, die Luftreise mit Pilâtre de Rozier auszuführen. Der Versuch glückte, die beiden Luftschiffer kamen nach 25 Minuten wieder wohlbehalten auf dem Boden an. Auch Charles unternahm eine Auffahrt am 1. Dezember 1783 in einem Wasserstoffballon, einer sog. Charliere. Das erste Opfer der Luftschiffahrt war Pilâtre de Rozier selbst (13. Juni 1785), als er eine Fahrt über den Ärmelkanal unternehmen wollte mit einer Charliere, die durch ein untergesetztes Feuer wie eine Montgolfiere erhitzt wurde. Die Folgezeit gebrauchte nur noch gewöhnliche Wasserstoffballons.

Das Prinzip des Fallschirms hatte schon Leonardo da Vinci im Jahre 1480 angegeben. Lenormand zeigte (26. November 1783), daß man mit zwei aufgespannten Regenschirmen aus dem ersten Stockwerk eines Hauses springen könne, ohne sich zu verletzen. Am 22. Oktober 1797 gelang es dem Luftschiffer Garnerin, sich, ohne Schaden zu erleiden, aus einem Ballon mit einem Fallschirm herabzustürzen.

Ballonfahrten zu wissenschaftlichen Zwecken kamen erst mit dem Beginne des 19. Jahrhunderts auf. Man verfügte eben noch nicht über Beobachtungsinstrumente, die auch in dem schwankenden Korbe gebraucht werden konnten; man denke nur an das Barometer, das mit seiner Quecksilberfüllung ganz ungeeignet war. Seine äußere Form war zwar mehrfach, aber nicht nachhaltig verändert worden. So hatte z. B. Amontons 1688 das „abgekürzte" und 1695 das „konische Barometer" angegeben. Beide waren gut ausgedacht, aber stark fehlerhaft, wie alle derartigen Instrumente jener Zeit, da man die Notwendigkeit des Auskochens noch nicht erkannt hatte.

Eine seltsame Erscheinung, über deren wahre Natur man lange im Zweifel war, wurde der Anlaß zu dieser wichtigen Verbesserung der Barometer. Picard (1620—82) hatte nämlich (1675) zuerst das Leuchten der Torricellischen Leere beim Schaukeln des Barometers wahrgenommen. Man glaubte, es trete bei ausgekochten Instrumenten besonders leicht auf. Bei einschlägigen Untersuchungen erkannte Deluc (1727 bis 1817), daß sonst schlecht übereinstimmende Barometer durch Auskochen weit eher dieselben Angaben lieferten, und daß auch die Korrekturen für die Wärmeausdehnung, worauf Amontons hingewiesen hatte, leichter zu erreichen waren.

Um eine genaue Ablesung der Quecksilberkuppe im Barometer zu ermöglichen, gab Stephen Gray (1670?—1736) im
Jahre 1698 das erste Kathetometer an, das aber ein Mikroskop besaß, während unsere Instrumente mit Fernrohr erst
1817 durch Dulong (1785—1838) und Petit (1791—1820)
aufkamen.

Eines eigenartigen Apparates zum Ermitteln von Höhen-
unterschieden, des sog. Thermobarometers, werden wir bei
der Geschichte der Wärmelehre (Seite 21) gedenken. Es
stammt von Fahrenheit (1686—1736), den wir hier als
Verbesserer des damals üblichen Gewichtsaräometers von de
Roberval (1602—75) zu erwähnen haben. Dieses Instrument bestand aus einer durch Quecksilber beschwerten Glaskugel mit aufgesetztem Kegel, der so mit ringförmigen Ge-
wichten belastet wurde, daß der ganze Körper in der zu
untersuchenden Flüssigkeit bis zur Spitze des Kegels einsank.
Der Apparat war aber sehr ungenau, da die Gewichte
selbst Flüssigkeit verdrängten. Fahrenheit vermied diesen
Übelstand, indem er dem Schwimmkörper einen Stiel gab, der
über der Flüssigkeit eine kleine Schale trug, die mit Ge-
wichten derart belastet wurde, daß das Aräometer bis zu einer
Marke am Stiel einsank.

Um das Instrument auch zur Bestimmung des spezifischen
Gewichtes fester Körper gebrauchen zu können, gestaltete es
Nicholson (1753—1815) zu der nach ihm benannten Senk-
wage (1787) um. Natürlich läßt sie sich auch wie das Instrument von Fahrenheit verwenden, den wir noch als Verfer-
tiger des ersten Pyknometers zu nennen haben.

Die Akustik.

Unter allen physikalischen Disziplinen hat im achtzehnten Jahrhundert entschieden die Lehre vom Schall
die geringsten Fortschritte gemacht, soweit es sich wenig-
stens um experimentelle Durchforschung handelt. In den
Jahren 1700—1703 publizierte besonders der Mathematiker Sauveur (1653—1716) interessante Arbeiten
über „musikalische Akustik". Er hatte als erster „Stöße"
oder „Schwebungen" an Orgelpfeifen verschiedener Ton-

höhe wahrgenommen. Bei zwei um einen halben Ton
verschiedenen Pfeifen hörte er sechs Stöße in der Sekunde.
Die eine Schwingungszahl mußte also um sechs größer
sein als die andere. Da ihr Verhältnis 15 : 16 war, ergaben sich für die eine Pfeife 90, für die andere aber
96 Schwingungen in einer Sekunde. Indem Sauveur die
Intervalle aller übrigen Töne zu Hilfe nahm, gelang es
ihm mit Leichtigkeit, für alle Töne die entsprechenden
Schwingungszahlen zu berechnen.

Folgen die Stöße sehr schnell aufeinander, so entstehen
die sogenannten Kombinationstöne, die zuerst (1714) von
dem Violinvirtuosen Giuseppe Tartini (1692—1770) in An-
cona gehört wurden. Bevor er aber diese Entdeckung in
seinem „Trattato di musica" (1754) publizierte, machte sie
auch unabhängig von ihm der Organist Georg Andreas Sorge
(1703—78) und wies (1740) in seinem „Vorgemach der musikalischen Komposition" darauf hin.

Genauere Untersuchungen über Obertöne stellten die
Kapläne William Noble († 1681 zu Oxford) und Thomas
Pigott († 1686 zu Westminster) an. Sie spannten zwei Saiten
nebeneinander, die Grundton und Oktave oder Quinte der
Oktave oder die Doppeloktave gaben. Versetzte man dann
die eine Saite in Schwingungen, so gab die andere den gleichen
Ton und schwang in zwei, drei oder vier Teilen.

Sauveur hatte eine Methode angegeben, um experimentell
die Schwingungszahl einer Saite zu ermitteln. Die Berechnung derselben Größe wurde 1715 durch die von Taylor
(1685—1731) aufgestellte bekannte Formel ermöglicht.

Eine eigentlich experimentell forschende Akustik haben
wir erst durch unseren Landsmann Chladni (1756—1827),
der am bekanntesten durch die von ihm 1787 entdeckten
Klangfiguren geworden ist. Mit diesen beschreibt Chladni
(1787) gleichzeitig die von ihm entdeckten Töne, die entstehen, wenn man eine Saite der Länge nach reibt. Er
nennt sie „Longitudinaltöne", die gewöhnlichen im Gegensatz dazu „Transversaltöne". Indem Chladni aus der

Länge eines longitudinal schwingenden Stabes die Wellenlänge und aus der Höhe des Longitudinaltons die Schwingungszahl ermittelte, gelang es ihm, recht brauchbare Werte für die Fortpflanzungsgeschwindigkeit des Schalls in festen Körpern zu erhalten (1797).

Recht interessant, wenn auch nicht sonderlich genau, war die Methode, nach der Chladni für verschiedene Gase die Schallgeschwindigkeit maß. Er ließ nämlich eine offene Orgelpfeife aus Zinn durch die bekanntesten Gase anblasen und schloß dann aus der jeweiligen Tonhöhe auf die Geschwindigkeit des Schalles. Er fand sie am größten für Wasserstoff und am kleinsten für Kohlensäure, entsprechend der Newtonschen Formel.

Einen Einfluß der Temperatur auf die Fortpflanzungsgeschwindigkeit des Schalles suchte der Arzt Giovanni Bianconi (1717—81) zu Bologna (1746) festzustellen. Er maß die Zeit zwischen Blitz und Knall einer 30 Miglien entfernten Kanone durch Pendelschwingungen, deren er im Sommer (bei 35⁰ C) 76, im Winter (bei — 1,5⁰ C) aber 79 zählte. Die Schallgeschwindigkeit ist also im Sommer größer als im Winter.

Die Wärmelehre.

Das achtzehnte Jahrhundert ist in der Geschichte der Wärmelehre besonders durch die Erfindung der Dampfmaschine ausgezeichnet, die im Prinzip auf den Franzosen Denis Papin (1647—1712) zurückgeht. Seit 1672 war er Gehilfe bei Huygens, verließ aber 1680 als Calvinist sein Heimatland und war von 1688 Professor zu Marburg. Er machte die Entdeckung, daß der Siedepunkt einer Flüssigkeit vom Druck abhängt, daß man also bei geringerem Druck weniger Erwärmung braucht und ebenso durch Vergrößerung des Drucks den Siedepunkt weiter hinaufschieben kann. 1681 gab er den nach ihm benannten Dampfkochtopf („Digestor") an, der aber erst in unserer Zeit allmählich Eingang in die Küchen findet. Man kann mit ihm Speisen viel vollständiger kochen als in offenen Töpfen. Der erste Gedanke Papins, man könne vielleicht damit Knochen in ein brauchbares Nahrungsmittel verwandeln, ist zu schön, als daß er möglich wäre. Um die Gefahr des Zerspringens zu beseitigen, brachte Papin das erste aus einem einarmigen Druckhebel bestehende Sicherheitsventil an. Bei unseren feststehenden Dampfkesseln verwenden wir heute noch die gleiche Einrichtung, bei Lokomotiven usw. wird das Ventil meistens durch Federn statt durch ein Gewicht angedrückt.

Durch Huygens' Schießpulvermaschine angeregt, ersann Papin (1690) die erste höchst primitive Dampfmaschine. Ein Kolben konnte sich luftdicht in einem Eisenzylinder, der ein wenig Wasser enthielt, auf und ab bewegen. Der beim Erhitzen auf einem Kohlenfeuer gebildete Wasserdampf hob den Kolben bis an das obere Zylinderende, wo man ihn durch einen Riegel festhielt. Hierauf nahm man den Zylinder von dem Feuer, befestigte die Kolbenstange an dem zu treibenden Apparat und löste den Sperriegel: der Luftdruck trieb dann den Kolben abwärts. Nur bei dieser Bewegung leistete diese Dampfmaschine eine verwendbare Arbeit.

Es ist sehr fraglich, ob diese Vorrichtung wohl überhaupt einmal praktisch erprobt worden ist. Im Jahre 1689 ließ sich der Bergwerksbesitzer Thomas Savery (1650?—1716) eine Dampfmaschine zur Entfernung von Grubenwässern patentieren. Er erzählt, er habe einst eine Flasche, in der ein wenig Wein durch die Wärme eines Ofens verdampft war, mit der Öffnung in Wasser getaucht, das dann mit großer Gewalt die Flasche angefüllt habe. Bei Saverys Maschine wird ein Zylinder mit Dampf gefüllt und hierauf durch Begießen mit Wasser abgekühlt. Durch die Kondensation des Dampfes steigt dann in einem mit dem Zylinder verbundenen

Saugrohr das Grubenwasser durch den Druck der Atmosphäre in die Höhe und wird bei der nächsten Füllung des Zylinders mit Dampf in ein Steigrohr gepreßt.

Im Jahre 1705 erhielt Papin von Leibniz (1646 bis 1716), mit dem er seit 13 Jahren korrespondierte, eine

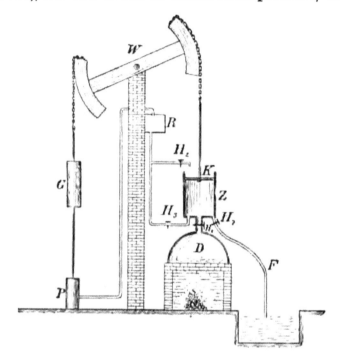

Fig. 1. Dampfmaschine nach Newcomen.

Skizze dieser Vorrichtung und baute 1706 die erste Hochdruckmaschine, die aber so umständlich konstruiert war, daß sie keine Konkurrenz mit derjenigen Dampfmaschine aushalten konnte, für welche der Eisenhändler Thomas Newcomen und der Glaser John Cawley in Dartmouth sich 1705 ein Patent hatten geben lassen.

Wir wollen nur die Maschine von Newcomen be-
schreiben. Der im Kessel D (Figur 1) entwickelte Dampf
tritt in den Zylinder Z und hebt, unterstützt durch das
an der Wippe W hängende Gegengewicht G, den Kolben
K in die Höhe. Nun schließt man den Hahn H_1 und
läßt aus dem Behälter R durch H_2 etwas Wasser auf
den Kolben fließen. Dadurch verdichtet sich der Dampf
in Z und der Kolben K senkt sich durch den Luftdruck.
Dann öffnet man wieder H_1 usw. Die Wippe überträgt
die Kolbenbewegung auf die Pumpe P, die das Wasser
aus dem Bergwerk herausschafft und zugleich R mit
neuem Wasser versorgt. Als einst bei einer Undichtig-
keit des Kolbens etwas Flüssigkeit in den Zylinder Z gelangte, arbeitete die Maschine bedeutend kräftiger. Statt
Wasser auf den Kolben strömen zu lassen, ließ man deshalb in der Folgezeit jeweils durch den Hahn H_3 Wasser
in den Zylinder eintreten, das den Dampf kondensierte
und durch F wieder entfernt wurde. Das Drehen der
Hähne wurde durch Knaben besorgt. Einem derselben,
Humphrey Potter, erschien dies mit Recht zu lang-
weilig, er verknüpfte daher die Hähne geschickt durch
Bindfaden mit der Wippe, so daß keine weitere Bedienung
nötig war, als sie nur der Dampfkessel erforderte (1712?).
    Diese einseitig wirkende atmosphärische Maschine von
Newcomen fand ganz besonders in Bergwerken Verwendung. Ihre leicht ersichtlichen Nachteile beseitigte der
Mechaniker an der Universität Glasgow, James Watt
(1736—1819), als er 1764 ein Modell der Maschine zur
Instandsetzung erhielt. Seine einschlägigen Studien (1765)
führten ihn zu einer ganz neuen, der Newcomschen kaum
noch ähnlichen Maschine. Bei ihr wurde zunächst die
Verdichtung des Dampfes nicht mehr durch das schäd-
liche Einspritzen des Wassers, sondern durch einen kühlen

Raum, den sog. Kondensator, erzielt. Durch ein Schieber-
ventil konnte der Dampf von beiden Seiten auf den Kolben drücken, wodurch die Maschine doppeltwirkend wurde.
Die auf- und abwärtsgehende Bewegung der Kolbenstange
wurde in geeigneter Weise in eine drehende verwandelt.
Ein Schwungrad regulierte den Gang der Maschine und
half ihr über die sog. toten Punkte hinweg. Durch das
sog. Wattsche Parallelogramm konnte man die bei der
Newcomenschen Maschine erforderlichen Ketten weg-
fallen lassen.

Wir können es uns hier versagen, die Maschine von Watt
noch ausführlicher zu besprechen, da jedes Physikbuch hin-
reichende Angaben darüber darbietet. Als man nach und
nach die ganz bedeutenden Vorteile der neuen Maschine richtig
zu würdigen verstand, fand sie langsam Eingang in England
und Frankreich, in Deutschland jedoch erst um die Jahr-
hundertwende.

Man findet häufig erzählt, bereits Papin habe 1707 ein
Dampfboot gebaut und sei damit auf der Fulda von Kassel
bis Münden gefahren. Zweifellos ist dies nur eine unbeweis-
bare Fabel. Im Jahre 1736 ließ sich der Engländer Hull
ein Patent geben auf die Verwendung einer Newcomenschen
Maschine für ein Radschiff, das aber nicht gebaut wurde.
Ohne nachhaltigen Erfolg blieben die Versuche mit Dampf-
schiffen durch Périer (Seine) 1774, de Jouffroy (Saone)
1781, Miller (Firth of Forth), Fitch (Delaware) und Rum-
sey 1787.

Auch zur Fortbewegung auf dem Lande wurde die Dampfmaschine vorgeschlagen, z. B. von Robison, einem Freunde
Watts (1759). 1769 und 1771 baute Cugnot zu Paris einen
dreiräderigen Dampfstraßenwagen — das erste Automobil —
und führte ihn dem Kriegsminister vor. Weitere Versuche
machten Edgeworth 1770, Evans 1772, Watt 1784, Sy-
mington 1785 und endlich Murdoch 1792, von dem die
Dampfmaschine mit oszillierendem Zylinder stammt (1785).

Neben diesen mehr technischen Errungenschaften
wurde auch die wissenschaftliche Wärmelehre bedeutend

gefördert. Wir nennen zunächst den Pariser Akademiker
Amontons (1663—1705), der 1703 das Luftthermometer erfand. Es bestand aus einer U-förmig gebogenen
Glasröhre, an deren kürzerem Schenkel eine Kugel an-
geblasen war; in den langen Schenkel wurde so viel
Quecksilber eingegossen, daß bei den verschiedenen Temperaturen die abgeschlossene Luft stets nur die Kugel
erfüllte. Amontons beobachtete, zwar nicht zuerst, die
Konstanz des Siedepunktes beim Wasser und machte davon Gebrauch, um einen Fixpunkt an seinem Luftthermometer festzulegen. Er fand mit seinem Instrument, daß
bei konstanter Temperatur die Druckzunahme eines
Gases der zugeführten Wärmemenge proportional ist.
Wir pflegen dieses wichtige Gesetz statt nach Amontons fälschlich nach Gay-Lussac (1778—1850) zu
nennen.

Amontons hatte, wie schon Baco von Verulam und Newton, die Anschauung, die Wärme bestehe in einer andauernd
lebhaften Bewegung feiner Wärmeteilchen, die auch auf
Körperteilchen übergehen könne; je höher die Temperatur,
um so energischer die Geschwindigkeit und der dadurch erzeugte Druck. Bei dieser Annahme muß demnach ein Wärmegrad existieren, für den dieser Druck den Wert Null erreicht,
wo also ein eingeschlossenes Gas keinen Druck mehr auf die
Wände des Gefäßes ausübt. Amontons rechnete diesen „absoluten Nullpunkt" aus; er fand ihn, auf die Zentesimal-
skala umgerechnet, bei —239,5°, während wir ihn tiefer
annehmen. Im Jahre 1687 ersann Amontons auch ein Hygro-
skop, das in der Hauptsache aus einem Beutel von Hammel-
leder besteht, der sich mit wachsender Feuchtigkeit ausdehnt,
was durch einen Flüssigkeitsfaden angezeigt wird.

Was zu jener Zeit an Thermometern gebräuchlich
war, litt unter dem Mangel einer eigentlichen Skala.
Wirkliche Erfolge hatte erst Fahrenheit (1686—1736)
aus Danzig, der ein äußerst geschickter Glasbläser war.

Bei seinen ersten Thermometern benutzte er Weingeist,
später aber Quecksilber. Zum untersten Punkt seiner
Skala nahm er die tiefste Temperatur des strengen Win-
ters von 1709, die er durch eine bestimmte Kältemischung
reproduzieren zu können glaubte. Als anderen Fixpunkt
wählte er bald die Temperatur einer Eis-Wassermischung,
bald die Körperwärme, bald den Siedepunkt des Wassers,
der auf seiner letzten, heute teilweise noch üblichen Skala
(1724) bei 212⁰ liegt. Fahrenheit erkannte die Veränderlichkeit des Siedepunkts von Wasser durch den
wechselnden Druck der Atmosphäre und machte den Vorschlag, die Größe des letzteren aus der jeweiligen Siede-
temperatur zu bestimmen. Er konstruierte ein dazu ge-
eignetes Thermobarometer. Der Arzt Wollaston (1766
bis 1828) hat später gezeigt, wie man dies Verfahren
an Stelle der barometrischen Höhenmessung gebrauchen
kann. Es ist nicht sehr bequem, da ein Unterschied von
einem Millimeter im Barometerstand den Siedepunkt nur
um 0,04⁰ Celsius verschiebt.

1721 fand Fahrenheit die sog. Überkältung des Wassers,
indem solches während einer sehr kalten Winternacht in einer
Glaskugel nicht gefror, sondern erst, wenn man diese erschüt-
terte.

Nach Fahrenheit machte die Thermometrie einen bedeutenden Rückschritt durch den Pariser Zoologen Antoine
de Réaumur (1683—1757), der wieder Weingeist benutzte (1730). Er nahm den Gefrierpunkt des Wassers,
der ja nicht konstant ist, als einen Fixpunkt, den Siedepunkt des Wassers als anderen, und teilte das Intervall
in 80 Grade ein, weil er gefunden hatte, daß seine Wein-
geistfüllung (ein Gemisch von fünf Volumteilen Alkohol
und einem Teil Wasser) sich zwischen den beiden Fix-
punkten um 0,080 ausdehnte.

Der schwedische Astronom Celsius (1701—44) teilte 1742 das gleiche Intervall aus Zweckmäßigkeitsgründen in 100 Grade. Es wird behauptet, Celsius selbst habe an den Eispunkt 100° und an den Siedepunkt 0° geschrieben, unsere Bezeichnungsweise stamme von Strömer (1707—70). Erst durch die Bemühungen (1772) von Deluc (1727—1817) kehrte man wieder zum Quecksilber zurück, um Alkoholthermometer nur da zu verwenden, wo es wegen bedeutender Kältegrade geboten schien.

Charles Cavendish (1703—83), der Vater des bekannten Chemikers, erfand 1757 ein Maximum- und ein Minimumthermometer. James Six († 1793) vereinigte 1782 beide zu dem noch heute seinen Namen tragenden Thermometrographen, der ebenso wie das Maximum-Minimumthermometer des Arztes und Botanikers Rutherford in Edinburg (1749 bis 1819) vielfach in Gebrauch ist.

Im 18. Jahrhundert begegnen wir mit dem wachsenden Interesse an meteorologischen Fragen auch mehreren Hygroskopen. Dasjenige von Amontons haben wir bereits angeführt. Etwas älter ist das Hafergrannenhygroskop, das sich schon in der Mikrographie von Hooke (1667) vorfindet. Von Lambert (1728—77) wurde das erste brauchbarere Instrument (1772) ersonnen. Wie schon bei dem Feuchtigkeitsmesser (1626) von Santorio (1561—1636), kam eine Darmsaite zur Verwendung. Seit 1781 verfertigte Deluc Hygroskope mit Fischbeinstreifen. Am bekanntesten dürfte wohl das Instrument von Horace Bénédict de Saussure (1740—99) sein, bei dem die hygroskopische Substanz ein entfettetes Menschenhaar ist (1783).

Der Unterschied zwischen dem Wärmegrad und der Wärmemenge eines Körpers, der sich am deutlichsten bei Schmelzversuchen oder beim Erhitzen verschiedener Substanzen auf eine bestimmte Temperatur offenbart, war von einigen Forschern schon beobachtet, aber nicht genauer erkannt worden. Der fast nur durch seinen Tod (siehe Seite 42) bekannte russische Physiker Richmann (1711—53) hatte für die Temperatur t einer Mischung aus den Stoffmengen m_1 und m_2 von den Temperaturen t_1 und t_2 die Formel aufgestellt:

$$t = \frac{m_1 \cdot t_1 + m_2 \cdot t_2}{m_1 + m_2}.$$

Als aber der Chemiker und Arzt Black (1728—99) einst Wasser von $t_1 = 172^0$ F (Fahrenheit!) mit der gleichen Menge ($m_1 = m_2$) Eis von $t_2 = 32^0$ F zusammenbrachte, wurde alles Eis geschmolzen, die Temperatur blieb aber auf 32^0, während sie doch nach der Formel

$$t = \frac{m_1 \cdot 172 + m_1 \cdot 32}{m_1 + m_1} = \frac{204\,m_1}{2\,m_1},$$

also 102^0 hätte sein sollen. Diese und die Erscheinung, daß Eis während des Schmelzens seine Temperatur nicht ändert (Deluc 1754), führten zu dem Begriff der latenten (verborgenen) Wärme, der aus der Physik hinreichend bekannt ist. Wilke (1732—96) wies die Richtigkeit der Formel von Richmann für den Fall nach, daß m_1 und m_2 gleiche Substanzen desselben Aggregatzustands sind, anderenfalls bedarf sie einer Erweiterung. Wilke mischte gleiche Mengen siedenden Wassers (100^0 C) und Eis (0^0 C), wodurch eine Temperatur von 14^0 C resultierte, so daß also einem Wärmegewinn (des Eises) von 14^0 ein Verlust (des Wassers) von 86^0 gegenüberstand, also im ganzen 72 Grad verloren gingen. Wilke bestätigte dann durch weitere Versuche, daß die zur gleichen Temperaturerhöhung erforderlichen Wärmemengen je nach der Substanz verschieden groß sind, und gelangte so zu dem äußerst wichtigen Begriff der spezifischen Wärme.

Zur Bestimmung dieser Größe bediente man sich anfänglich der „Methode der Mischung", die sich auf die erweiterte Richmannsche Formel stützt:

$$t = \frac{m_1 \cdot c_1 \cdot t_1 + m_2 \cdot c_2 \cdot t_2}{m_1 \cdot c_1 + m_2 \cdot c_2},$$

in der t, t_1, t_2, m_1, m_2 dasselbe wie früher, c_1 und c_2 aber die spezifischen Wärmen bedeuten.

Lavoisier (1743—94) und Laplace (1749—1827) benutzten (1777) das Eiskalorimeter zur Bestimmung spezifischer Wärmen. Dabei muß der zu untersuchende er-

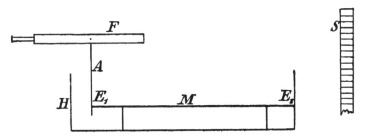

Fig. 2. Lavoisier und Laplace, Ausdehnung fester Körper.

hitzte Körper Eis schmelzen. Aus den Temperaturen, dem Gewicht des Körpers und des Schmelzwassers ergibt sich dann die gesuchte spezifische Wärme. Von den gleichen Forschern stammen auch die ersten brauchbaren Messungen der thermischen Ausdehnung von Stäben (1778).

Der Metallstab M (Figur 2), dessen Ausdehnungskoeffizient gesucht wurde, war an einem Ende E_2 befestigt und lag in dem Heizraum H. Das andere Ende E_1 des Stabes stieß an einen Hebelarm A, an dessen Drehungsachse ein Fernrohr F befestigt war, durch das man eine Skala S betrachtete. Dehnte sich der Stab durch Erwärmen aus, so erblickte man einen andern Skalenteil im Fernrohr. Aus den Temperaturen, der Verschiebung und der Stablänge läßt sich dann der Ausdehnungskoeffizient berechnen.

Die anomale Ausdehnung des Wassers fand Deluc 1776. Sie bedingt bekanntlich ein über dem Gefrierpunkt liegendes Dichtigkeitsmaximum des Wassers. Deluc fand es bei 5° C, also etwas zu hoch.

Eine ganz besondere Art der Wärmefortpflanzung nämlich durch Strahlung untersuchte der Chemiker Scheele (1742—86). Er wußte, daß die Luft dadurch nicht erwärmt werde, deshalb hindere auch bewegte Luft diese „strahlende Wärme" — so nannte er sie — keineswegs. Ein Glasspiegel reflektiert zwar Licht-, aber keine Wärmestrahlen, wohl aber tut dies eine spiegelnde Metallfläche.

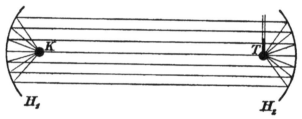

Fig. 3. Hohlspiegelversuch von Pictet.

Treffliche Bestätigung dieser Entdeckungen gab Marc Auguste Pictet (1752—1825) in Genf. Er stellte zwei große Hohlspiegel aus poliertem Zinn H_1 und H_2 (Fig. 3) derart gegenüber, daß die durch eine heiße Kugel K im Brennpunkt des einen Spiegels erregten Wärmestrahlen von H_1 parallel zur Achse reflektiert wurden und dann von dem anderen Spiegel H_2 in seinem Brennpunkt gesammelt wurden. Befand sich hier ein Thermometer T, so stieg seine Quecksilbersäule rasch, besonders wenn seine Kugel berußt war. Mit Glasspiegeln mißlang der Versuch völlig. Als Pictet einst versuchen wollte, durch Einschalten einer Glasplatte zwischen H_1 und H_2 die Geschwindigkeit der Wärmestrahlung zu messen, hatte er

natürlich keinen Erfolg. Wir erwähnten schon früher
ähnliche Experimente der Accademia del Cimento und
wollen der Vollständigkeit halber an die von Boyle gemachten diesbezüglichen Versuche noch anschließen, daß
es 1681 Mariotte gelungen war, mit einer bikonvexen
Eislinse, die er von ausgekochtem Wasser verfertigt hatte,
Schießpulver durch die Sonnenstrahlen zu entzünden.

Annehmbare Anschauungen über das Wesen der Wärme
hat das achtzehnte Jahrhundert nicht eigentlich geschaffen.
Der Glauben an einen Wärmestoff, der so viele Wider-
sprüche in sich schließen mußte, war zu allgemein. Erst
das neunzehnte Jahrhundert brachte hier die erforderliche
Klarheit.

Die Optik.

Nach den anscheinend erschöpfenden Untersuchungen
Newtons auf dem Felde der Optik lag dies einige Zeit
unbearbeitet da. Man gewöhnte sich an den Gedanken,
was jener Physiker gelehrt, für unstreitig richtig anzusehen. In einen offenen Widerspruch zu ihm trat erst
Euler (1707—83), als er 1747 in den Memoiren der
Berliner Akademie die Ansicht veröffentlichte, die verschiedenen Medien des Auges seien nur dazu bestimmt,
die bei der Brechung auftretende Farbenzerstreuung zu
beseitigen. Newton glaubte, wie wir erwähnten, Dispersion
und Refraktion seien unlöslich aneinander verknüpft, wo
eine Brechung des Lichtes stattfinde, erfolge auch stets
eine Farbenzerstreuung. Der ehemalige Seidenweber John
Dollond (1706—61) verfolgte die Idee Eulers noch
weiter und gelangte tatsächlich zu der von Newton als
unmöglich erachteten Konstruktion achromatischer Prismen
und Linsen.

Schon 1757 konstruierte Dollond das erste achromatische Fernrohr. Auch sonst arbeitete man eifrig an der Vervollkommnung optischer Instrumente. 1738 erfand der Arzt Lieberkühn (1711—56) in Berlin das Sonnenmikroskop, das man fälschlich dem Kieler Professor Reyher (1634—1714) zuzuschreiben pflegt. Erwähnung verdient noch der von John Hadley († 1744) konstruierte Spiegelsextant zu Winkelmessungen, sowie der von dem Glaser Godfrey († 1749) verfertigte Spiegelquadrant.

Häufig findet man durch eine Namensverwechslung als Erfinder des Spiegelsextanten Halley (1656—1724) angegeben. Von diesem stammt vielmehr (1693) die erste allgemeingültige Formel für Gegenstands-, Bild- und Brennweite bei sphärischen Spiegeln und Linsen, bei der aber vorausgesetzt wird, daß die Strahlen mit der optischen Achse nur einen kleinen Winkel bilden und die Linsendicke vernachlässigt werden darf.

Das Gebiet der Lichtstärkenmessung betrat erstmals mit Erfolg der schon genannte Pierre Bouguer. Er gab 1729 das erste brauchbare Photometer an, bei dem transparente Schirme auf gleiche Helligkeit eingestellt wurden. Er untersuchte damit z. B. die Schwächung des Lichts durch Reflexion, maß auch die Absorption beim Durchgang durch Glas, Wasser usw. Erst 1760 jedoch stellte Johann Heinrich Lambert (1728—1777) die photometrischen Grundgesetze auf. Danach ist die Beleuchtungsstärke einer Fläche dem Quadrat der Entfernung von der Lichtquelle umgekehrt, der Lichtstärke derselben aber direkt proportional. Bei schräger Beleuchtung ist sie gleich dem Produkt aus der normalen Beleuchtungsstärke und dem Sinus des Winkels, den die Strahlen mit der beleuchteten Fläche bilden. [Kosinus des Winkels der Strahlen mit dem Einfallslot.]

Der astronomischen Bestimmung der Lichtgeschwindigkeit durch Römer war noch keine terrestrische gefolgt, dagegen fand Bradley (1692—1762) eine weitere Methode, gestützt auf die durch ihn entdeckte Aberration des Fixsternlichts. Er hatte nämlich im Dezember 1725 auf der Privatsternwarte von Molyneux (1689—1728) zu Kew bei London eine scheinbare Ortsveränderung des Sternes: γ draconis beobachtet. Gemeinsam mit dem Besitzer des Observatoriums fand er, daß dieser Fixstern im Laufe eines Jahres eine Ellipse beschrieb, deren große Achse etwa 40 Bogensekunden betrug. Bradley erkannte, daß bei dem endlichen Wert der Lichtgeschwindigkeit ein Stern sich gar nicht da befinden könne, wo das eingestellte Fernrohr hinweise, daß dies vielmehr in der Bewegungsrichtung der Erde geneigt sein muß, entsprechend der Diagonale des Parallelogramms aus den Geschwindigkeiten von Licht und Erde. Aus der Abweichung des Lichtstrahls, der sog. Aberration, und der Erdgeschwindigkeit fand Bradley, daß das Licht in einer Sekunde 41 500 Meilen zurücklegt[1]).

Die Frage nach dem Wesen des Lichts schien durch die Emanationshypothese Newtons endgültig gelöst und die Undulationslehre von Huygens ein für allemal abgetan. Nur ein Mann unternahm es nachzuweisen, auf welch schwachem Fundament Newtons Anschauung stehe. Es war Leonhard Euler, der seine diesbezüglichen Untersuchungen unter anderem in einem leicht verständlichen, äußerst anregend geschriebenen Werke: „Lettres à une princesse d'Allemagne sur quelques sujets de physique et de philosophie" (Petersburg 1768—72) niedergelegt hat.

Euler hält es für besonders unwahrscheinlich, daß ein selbstleuchtender Körper, also vor allem die Sonne, ewig eine ungeheure Menge von Lichtteilchen aussenden könne, ohne sich dadurch zu erschöpfen, d. h. eine Abnahme der Lichtstärke zu zeigen. Nach der Emanationslehre müßte das Universum nach allen Richtungen hin von solchen Lichtströmen mit riesiger Geschwindigkeit durchflutet werden. Und sie sollten sich nicht gegenseitig stören? Wie sollen wir

---

[1]) Weiteres über Aberration vgl. Sammlung Göschen Nr. 92, S. 129 ff.

uns ferner einen durchsichtigen Körper vorstellen, bei dem
sich doch die materiellen Lichtstrahlen nur in den Poren
bewegen können? Die Poren müßten in geraden Linien angeordnet sein und diese den ganzen, allseitig durchsichtigen
Körper nach jeder nur denkbaren Richtung durchsetzen.
Man käme ja damit auf die ganz unsinnige Idee, ein Körper
bestehe nur aus Poren!

Euler gelangt zu dem Schluß, daß die Annahme einer
Wellenbewegung des Äthers, wie sie sich Huygens vorstellt,
alle diese und noch andere Schwierigkeiten nicht kennt. Ja,
sogar für das von Huygens nicht gelöste Problem der Farben
hat sich Euler eine allerdings nur auf einer Vermutung
basierende Erklärung zurechtgelegt, indem er annimmt, die
Farbe werde durch die Anzahl der Ätherschwingungen in der
Zeiteinheit charakterisiert.

Es ist ganz außerordentlich zu bedauern, daß Eulers
Ideen und Anregungen so gut wie keinen Anklang gefunden
haben. Seiner Zeit gefiel das Herumexperimentieren mit der
Elektrizität besser als eingehende Untersuchungen subtilster
Natur über Fundamentalfragen der Optik.

Der Magnetismus.

Das achtzehnte Jahrhundert betrachtet die magnetische
Kraft noch als eine spezifische Eigenschaft von Stahl und
Eisen und kennt keine anderen Stoffe, die vom Magnet
angezogen werden oder selbst bleibenden Magnetismus
annehmen können. Diese scheinbare Vorzugsstellung des
Eisens mußte naturgemäß ein tieferes Eindringen in das
Wesen des Magnetismus so lange illusorisch machen, bis
man Mittel hatte, um starke magnetische Felder zu erzeugen. Dies war aber erst im neunzehnten Jahrhundert
möglich, in dem mit den Studien über Elektromagnetismus
neue Wege und Methoden eröffnet wurden.

Die erste Hälfte des achtzehnten Jahrhunderts war haupt-
sächlich auf die Benutzung des natürlichen Magneten angewiesen, der deshalb sehr gesucht war und dementsprechend
teuer bezahlt wurde. Man ersann daher die mannigfaltigsten

Methoden zur Herstellung künstlicher Magnete aus natürlichen. Die Magnetisierung durch einfachen Strich stammt
(1730) von Servington Savery, während Canton und
Michell unabhängig voneinander (1750) die sog. Methode
des Doppelstrichs angaben.

Zunächst benutzte man nur Magnete in Stabform. Um
die Wirkung für gewisse Zwecke zu verstärken, empfiehlt es
sich, die beiden Pole möglichst nahe aneinander zu bringen,
was durch eine Biegung des Stabes leicht erzielt werden kann.
Man hat dann den „Hufeisenmagneten", wie ihn der 1758
verstorbene Mechaniker Johann Dietrich zu Basel zuerst
verfertigte. Die Veranlassung dazu hatte wohl Daniel Bernoulli gegeben, der auch das (keineswegs allgemeine) Gesetz
aufstellte, die Tragkraft eines solchen Magneten sei seiner
Oberfläche und der Kubikwurzel aus dem Quadrate seines
Gewichts direkt proportional.

Aus dem Jahre 1701 stammt die erste Karte, die für
die einzelnen Punkte der Erdoberfläche die magnetische
Deklination angibt. Sie war das Ergebnis zweier Reisen,
die Edmund Halley (1656—1742) im Auftrage der englischen Regierung unter König Wilhelm I. in den Jahren
1698 bis 1700 ausgeführt hatte. Vergleicht man unsere
heutigen Isogonenkarten mit derjenigen Halleys, so zeigt
sich eine zum Teil recht beträchtliche Verschiebung der
Linien gleicher Deklination („Isogonen"). Eine solche
Karte kann also nur für eine gewisse Zeit und auch da
nur angenähert richtig sein, weil die Deklination, wie
George Graham (1675—1751) 1722 entdeckte, sich im
Laufe eines Tages ändert und ein Maximum und ein Minimum erreicht. Auch für die Inklination einer Magnetnadel fand Graham tägliche Schwankungen. Cunning-
ham (1700) und Noël (1706) hatten die Beobachtung
gemacht, daß die magnetische Inklination auf der nördlichen bzw. südlichen Hälfte der Erde nicht immer nördlich bzw. südlich und stets Null an ihrem Äquator
ist. Linien gleicher Inklination („Isoklinen") haben des-

halb nicht den gleichen Verlauf wie die Parallelkreise, ebenso fällt auch der magnetische Äquator nicht mit dem geographischen zusammen, sondern durchschneidet ihn an zwei Stellen.

Im Jahre 1716 bemerkte Halley, daß die Abweichung des Scheitels eines Nordlichtbogens nach Westen etwa gerade so groß ist als die magnetische Deklination. Mairan (1678—1771) vervollständigte 1747 diese Beobachtung dahin, daß die Krone des Nordlichts sich in der Richtung der Inklinationsnadel befindet. Einen noch engeren Zusammenhang zwischen Nordlicht und Erdmagnetismus hatte Olaf Hjorter (1696—1750), Observator an der Sternwarte zu Upsala, am 1. März 1741 entdeckt. Es war gerade ein besonders helles Nordlicht sichtbar, und die Magnetnadel, deren Beobachtung zu seinen Obliegenheiten gehörte, zeigte beträchtliche Schwankungen, was ihn nötigte, das Nordlicht als Ursache derselben anzunehmen. Über die Natur des Polarlichts herrschten die widersprechendsten Anschauungen; wir heben nur diejenige Halleys heraus, der es für einen magnetischen Ausfluß hielt, der sich vom Nord- nach dem Südpol hinziehe.

Um das Wesen eines Magneten zu erklären, nahm Aepinus (1724—1802) im Jahre 1759 ein magnetisches Fluidum an, das je nach Überschuß oder Mangel gegen ein Normalquantum den einen oder anderen Pol hervorrufe. Diese Theorie ist völlig analog der von Franklin für die Elektrizität aufgestellten. Coulomb (1736—1806) denkt sich jeden Magneten aus unendlich vielen kleinen zusammengesetzt, von denen jeder einzelne mit einer nord- und südmagnetischen Flüssigkeit behaftet ist. Mit Hilfe der noch heute fast unverändert gebräuchlichen Drehwage untersuchte Coulomb die gegenseitige Wirkung zweier magnetischer Pole und begründete damit sein bekanntes Gesetz. Die bezüglichen Arbeiten hat Coulomb 1785—1789 in den Memoiren der Pariser Akademie niedergelegt.

Die Elektrizität im achtzehnten Jahrhundert.

Im achtzehnten Jahrhundert herrscht auf dem Gebiete der Physik ein wahrer Elektrizitätstaumel. Die mannigfachen und so grundverschiedenen elektrischen Erscheinungen, mit denen man bekannt wurde, mußten das Interesse aller Liebhaber der Wissenschaften in hohem Grade erwecken. Vielfach war es nur das dem Menschen innewohnende Bedürfnis, an rätselhafte Phänomene heranzutreten, was zu Experimenten mit der wunderbaren Naturkraft anspornte. Das Aufsehen, welches der elektrische Funke, seine zündenden und physiologischen Wirkungen notwendigerweise erregen mußten, kann man an der begeisterten Aufnahme ermessen, die unsere an sensationellen Erfindungen und Entdeckungen gewiß nicht arme Zeit den X-Strahlen, dem Radium usw. bereitet hat. Wie heutzutage phantastische Köpfe allenthalben Radioaktivität wittern, so glaubten Laien und Gelehrte um die Mitte des achtzehnten Jahrhunderts bei jeder unerklärlichen Erscheinung an eine neuartige Äußerung der geheimnisvollsten aller Naturkräfte.

An die von uns auf Seite 12 erwähnte Erscheinung des Aufleuchtens der Torricellischen Leere im Barometer knüpfen einige Untersuchungen an, die für die Entwicklung der Elektrizitätslehre von Bedeutung sind. Man suchte dieses Leuchten durch die Annahme eines „merkurialischen Phosphors" zu erklären. Die Versuche des im Jahre 1705 verstorbenen Mitglieds der Royal Society Francis Hawksbee konnten aber keinen Zweifel mehr über die elektrische Natur jener Erscheinung aufkommen lassen. Seine Experimente hat er in einer erst 1709 erschienenen Schrift: „Physico-mechanical experiments on various subjects touching light and electricity" niedergelegt. Darin finden sich z. B. Studien über den elektrischen Funken, den er in einer Länge bis zu einem Zoll durch schnell rotierende, mit der Hand geriebene Kugeln aus Glas, Siegellack oder Schwefel erhielt. Auch das Leuchten von ge-

riebenen Glasröhren, Schwefel- und Bernsteinstücken nahm
Hawksbee wahr. An dem letztgenannten Stoff hatte schon
im Jahre 1698 der Engländer Wall durch Reibung mit
Wollenzeug einen Funken erhalten, dessen Lichterscheinung
und knisterndes Geräusch er mit Blitz und Donner verglich.
Hawksbee wußte, daß durch Feuchtigkeit das Gelingen elektrischer Versuche leicht in Frage gestellt wird, und fand
auch, daß Metalle durch Reiben nicht elektrisch gemacht
werden können, ohne jedoch eine Erklärung geben zu können,
da der Unterschied zwischen Leitern und Nichtleitern der
Elektrizität erst im Jahre 1729 von Stephen Gray erkannt
wurde.

Als Gray (Mitglied der Royal Society, † 1736 zu London)
untersuchte, ob eine durch Reiben elektrisierte Glasröhre
ihre Wirkung ändert, wenn man sie an den Enden durch
Korkpfropfen verschließt, fand er, daß der Kork ebenso
leichte Körper anzog als das Glas. Dasselbe trat auch ein,
wenn man in den Kork einen Holzstab usw. steckte. Im Verfolg dieser Experimente unterschied Gray Leiter und Nichtleiter der Elektrizität. Dies war insofern ein wichtiger Fort-
schritt, als man nun mehrere Erscheinungen leichter erklären
konnte und in Zukunft alle Körper, die ihre Elektrizität ohne
Verlust behalten sollten, in passender Weise isolierte. Gray
legte z. B. einen Knaben, den er elektrisierte, auf ein hori-
zontales Brett, das an seidenen Schnüren hing, oder stellte
ihn auf eine Harzplatte. Gray ist somit der Erfinder des sog.
Isolierschemels.

Das Nichtelektrischwerden der Metalle durch Reibung führte
Dufay (1698—1739) auf das (falsche) Gesetz, daß nur die
Nichtleiter sich durch Reiben elektrisieren lassen. Von großer
Bedeutung ist es, daß er erstmals zwei verschiedene, in einem
gewissen Gegensatze stehende Elektrizitäten unterschied,
die des Glases und die des Harzes, sowie daß er das allerdings
nicht ganz bedingungslos gültige Gesetz aufstellte: „Jeder
elektrische Körper zieht jeden unelektrischen an und stößt
ihn, wenn er ihn elektrisch gemacht hat, wieder ab."

Desaguliers (1683—1744) führte die Bezeichnungen
Leiter (conductores) und Nichtleiter oder „an sich elektrische
Körper" (corpora electrica per se) ein und machte auf einen
wichtigen Unterschied in der Abgabe der Elektrizität bei
beiden aufmerksam. Ein elektrischer isolierter Leiter ver-

liert bei Berührung mit der Hand sofort seine ganze Elektrizität, ein elektrisierter Nichtleiter dagegen nur an der berührten Stelle.

Die Erfahrungen, die man aus den erforschten elektrischen
Erscheinungen gewonnen hatte, ermöglichten es, nun auch
an den Bau eigentlicher Elektrisiermaschinen heranzutreten,
mit denen man stärkere Wirkungen als mit den geriebenen
Glasröhren erzielen konnte.   Guericke hatte zwar früher
schon eine rotierende Kugel aus Schwefel, Hawksbee eine
aus Glas benutzt, aber das Experimentieren war damit keineswegs erleichtert.   Es war eigentlich nichts Neues, wenn sich
der Leipziger Physiker Hansen (1693—1743) durch den
Vorschlag seines Schülers Litzendorf veranlaßt sah, eine
mittels einer Kurbel gedrehte Glaskugel durch Reiben an der
Hand zu elektrisieren.   Doch erfuhr seine Maschine brauchbare Verbesserungen.   Bose in Wittenberg (1710—61) gab
ihr nämlich (1744) den ersten Konduktor, der aus einer isoliert angebrachten Blechröhre bestand, welche durch ein
Fadenbündel die Elektrizität von der Kugel abnahm.   Letztere ersetzte der Professor Gordon in Erfurt (1712—51)
durch einen Glaszylinder.

Die mancherlei Unzuträglichkeiten mit sich bringende Verwendung der Hände von Personen zur Reibung wurde 1744
durch das von Winkler in Leipzig (1703—70) oder vielmehr
von einem Mechaniker, dem Dreher Gießing, stammende
eigentliche Reibzeug ersetzt, das aus Wolle oder Leder gefertigt wurde.   Canton (1718—72) bestrich es (1753) mit
Amalgam von Zinn, während Higgins 1778 Zink dazu verwendete.   Das jetzt am meisten gebräuchliche Amalgam
rührt von dem Freiherrn von Kienmayer aus Wien her
(1788).   Der Saugkamm zur bequemen Abnahme der Elektrizität von dem geriebenen Körper ist um das Jahr 1746 von dem
Engländer Benjamin Wilson (1708—88) eingeführt worden.

Ein weiterer Schritt für die Verbesserung der Elektrisiermaschine war die Benutzung von Glasscheiben an Stelle der
Zylinder.   Urheber und Zeit sind nicht genau zu ermitteln.
Man nennt den Prediger Martin Planta (1727—72; 1755?),
den Arzt Sigaud de la Fond (1740—1810) und den Arzt Jan
Ingenhouß (1730—99; 1764?).   Eine wahre Riesenma-
schine verfertigte der Mechaniker John Cuthbertson für
das „Musée Taylor" zu Haarlem, dessen physikalischer und

naturgeschichtlicher Abteilung der ehemalige Arzt Martin van Marum (1750—1837) vorstand. Dieser beschrieb (1785) die gewaltigen Wirkungen dieser Maschine, die in jeder Minute 300 Funken von 60 cm Länge lieferte. Mit den verbesserten Maschinen gelang es, eine außerordentliche Zahl von Experimenten anzustellen, die vielfach so seltsam erschienen, daß sich auch begüterte Dilettanten in großer Zahl der Elektrizität zuwandten. Es gehörte zu gewissen Zeiten fast zum guten Tone, elektrische Versuche anzustellen. Die Zündwirkungen des Funkens zeigten der Arzt Ludolf (1707—63) an Schwefeläther, Bose an Schießpulver, Gordon an Weingeist, den er sogar durch einen elektrisierten Wasserstrahl entflammte. Gralath (1708—67) entzündete mit dem Funken eine eben ausgeblasene Kerze. Solche Versuche konnten natürlich ihren Erfolg auf die Zuschauer nicht verfehlen, besonders wenn der Funke aus dem Körper eines isolierten Menschen gezogen wurde. Die Vorführung derartiger Experimente in Gesellschaften war darum sehr beliebt, an möglichst komödiantenhafter Demonstration ließ man es gewöhnlich nicht fehlen. Bose stellte sich z. B. mit allerlei spitzen Metallgeräten auf einen Isolierschemel und ließ sich kräftig elektrisieren. Im dunkeln Zimmer umgab ihn dann die ausströmende Elektrizität mit einer leuchtenden Glorie, was ihn veranlaßte, diesen Versuch mit Beziehung auf eine bei einer Seligsprechung üblichen Zeremonie möglichst geschmacklos „Beatifikation" zu nennen.

Ganz außerordentliches Aufsehen erregten die Versuche mit der Verstärkungsflasche. Ein Domdechant zu Cammin in Pommern namens Ewald Georg von Kleist († 1748) hatte am 11. Oktober 1745 in ein Fläschchen, das innen feucht war, einen Nagel gesteckt und ihn elektrisiert, während er das Glas in der einen Hand hielt. Als er dann mit der anderen den Nagel herausnehmen wollte, erhielt er eine starke Erschütterung. Sie war noch bedeutender, wenn das Gläschen etwas Weingeist oder Quecksilber enthielt. Fast zur gleichen Zeit, da Kleist seinen Versuch befreundeten Physikern mitteilte, hörte man von einem ganz ähnlichen, der in Leiden angestellt

3*

worden war. Dort hatte Cunaeus nach dem Vorschlage
von Pieter van Musschenbroek (1692—1761) Wasser
in einem Gläschen durch einen hineingesteckten Nagel
zu elektrisieren versucht und, wie Kleist, einen starken
elektrischen Schlag erhalten. Musschenbroek schrieb
(1746) von diesem schrecklichen Experiment an Réaumur
mit dem Bemerken, „nicht um Frankreichs Königskrone
wolle man eine solch entsetzliche Erschütterung nochmals
erdulden". Durch Réaumur erfuhr auch der Abbé Nollet
(1700—70) von dem Versuche. Von ihm stammt die
noch heute gebräuchliche Bezeichnung „Leidener Flasche",
während sie von Krüger (1715—59) nach Kleist be-
nannt wurde.

Die Nachrichten jener Zeit über die physiologische Wirkung des Entladungsschlags sind recht seltsam; da hört
man von Fieber, Nasenbluten, Krämpfen, Schmerzen, die
tagelang anhielten usw. War man damals empfindlicher oder
hat man absichtlich übertrieben?

Gralath, der zuerst mehrere mit Wasser gefüllte
Flaschen zu einer Batterie vereinigte, ersetzte den Nagel
durch einen Draht, der oben eine Bleikugel trug. Die
äußere Belegung mit Metallfolie stammt von Bevis
(1695—1771), die innere von Watson (1715—87).
Le Monnier (1717—49) entdeckte die Notwendigkeit
der Ableitung des äußeren Flaschenbelags. Canton ent-
lud die Flasche allmählich, indem er sie isoliert aufstellte und abwechselnd die beiden Belegungen berührte. Er bestimmte auch die Kapazität der Flasche
aus der Zahl der Funken, die er einem isolierten Leiter
mit der geladenen Flasche mitteilen konnte. Von dem
Apotheker Lane (1734—1807) in London stammt die
seinen Namen tragende Maßflasche, die er in einem Brief
an Franklin (15. Okt. 1766) beschrieb. Sie gestattet
bekanntlich, die in einer Leidener Flasche oder Batterie

aufgespeicherte Elektrizitätsmenge relativ zu messen. Benjamin Franklin (1706—90) baute (1749) die erste Kaskadenbatterie, indem er mehrere Flaschen so an dem Konduktor einer Elektrisiermaschine befestigte, daß jede an dem Boden einer andern hing. Wir werden später noch auf wichtige theoretische Betrachtungen Franklins über Kondensatoren usw. zurückkommen.

Mit Hilfe einer Leidener Flasche versuchte Watson im Jahre 1748 die Geschwindigkeit der Elektrizität zu messen. Ein Beobachter faßte mit beiden Händen die Enden zweier Drähte, von denen der eine mit der äußeren Belegung einer Leidener Flasche verbunden war, während der andere dem Knopf genähert werden konnte, so daß die Entladung durch den Körper des Beobachters erfolgte. Man suchte nach einer Zeitdifferenz zwischen dem Aufblitzen des Funkens und der empfundenen Erschütterung. Aus leicht ersichtlichen Gründen konnte man natürlich keine solche Differenz wahrnehmen, selbst wenn die Drähte über 12 000 Fuß lang waren.

Zum genaueren Studium elektrischer Erscheinungen ersann man Elektroskope, die je nach ihrem besonderen Zweck und der dadurch bedingten Empfindlichkeit verschiedenartig umgestaltet wurden. Das Metallnadelinstrument von Gilbert wurde schon früher (Bd. I, S. 40) erwähnt. Dufay hängte Fäden aus Seide, Baumwolle und Wolle isoliert auf und beobachtete die Differenz bei Berührung mit einem elektrischen Körper. Canton (1753) führte das noch heute gebräuchliche Doppelpendel ein, das an Stelle der durch von Waitz (1698 bis 1777) verwendeten Metallscheibchen leichte Holundermarkkugeln besaß. Cavallo (1749—1809) schloß das Doppelpendel zur Vermeidung störender Luftströmungen in eine Glasflasche ein. Damit war aber auch die Möglichkeit gegeben, statt der Markkugel zwei noch leichtere Goldblättchen zu benutzen, wie dies (1787) der englische Pfarrer Bennet (1750—99) tat. Volta gebrauchte für den gleichen Zweck zwei leichte Strohhalme. Eine Umgestaltung des Instruments von Canton stellt das bekannte Quadrantelektrometer (1772) des um 1779 verstorbenen Leinwandhändlers William Henley dar, von dem auch der heute noch viel gebräuchliche Auslader stammt (1779).

Von Elektrometern ist auch die elektrische Wage zu nennen, mit der man die Größe der Anziehung ermittelt. Sie wurde 1746 von dem Uhrmacher John Ellicot († 1772) und 1747 von Gralath angegeben. Entschieden das feinste Instrument ist die allbekannte Drehwage, mit der Coulomb seine wichtigen Messungen elektrischer und magnetischer Kräfte (1785—89) anstellte.

Wir haben schon früher erwähnt, daß Otto von Guericke erstmals eine Influenzerscheinung beschrieb, ohne jedoch eine Erklärung dafür zu geben. Canton bemerkte (1754), daß die Kugeln eines Doppelpendels sich gegenseitig abstießen, wenn man mit einem elektrisierten Stabe in die Nähe kam, dagegen sofort wieder zusammenfielen, wenn man den Stab entfernte. Er erklärte sich dies durch die Annahme einer „elektrischen Atmosphäre", durch welche die Pendelkugeln dieselbe Elektrizität wie der Stab erhalten sollten. Dem widersprach jedoch folgende von Wilke (1732—96) gemachte Beobachtung: Er brachte einen elektrisierten Stab in die Nähe eines isolierten Holundermarkpendels und berührte dies kurz mit dem Finger. Entfernte er dann den Stab, so zeigte das Pendel die entgegengesetzte Elektrizität wie dieser. Dasselbe Resultat erzielte Wilke sogar, wenn er, statt abzuleiten, dem Pendel eine Nadelspitze näherte. Wie sollte man erklären, daß die „elektrische Atmosphäre" das Pendel entgegengesetzt elektrisch machte? Einen genaueren Einblick in das Wesen dieser Phänomene lieferten die Versuche (1759) von Franz Theodor Aepinus (1724—1802). Er zeigte nämlich, daß in einem isolierten Leiter, den man einem elektrischen Körper nähert, Elektrizität auftritt, und zwar im zugewandten Ende die entgegengesetzte, im abgewandten dagegen die gleiche wie im Körper. Aepinus ließ deshalb den Begriff der „elektrischen Atmosphäre" fallen und ersetzte ihn durch den präziseren des elektrischen Wirkungskreises. Wilkes Versuch ließ sich nun erklären; die Frage nach dem Ursprung der Elektrizitäten auf dem isolierten Leiter beantwortete Aepinus gemäß der unitarischen Theorie.

Dufay hatte zwei verschiedene Elektrizitäten angenommen, die des Glases und die des Harzes. Franklin dagegen glaubte, man reiche schon mit einer Elektrizität aus. Er begründete damit die unitarische Theorie. Danach besitzt jeder Körper ein Normalquantum Elektrizität. Wird dies verringert bzw. vergrößert, so weist der Körper die Elektrizität des Glases bzw. Harzes auf. Franklin erklärt damit z. B. die Leidener Flasche. In ungeladenem Zustand besitzen ihre beiden Belegungen ein Normalquantum Elektrizität. Durch das Laden entsteht auf dem einen Belag ein Weniger, auf dem andern ein (absolut gleiches) Mehr von Elektrizität. Beim Entladen gleichen sich dieser Mangel und Überschuß wieder aus. Der Engländer Robert Symmer († 1763) verwarf Franklins Anschauung und stellte (1759) eine dualistische Theorie auf. Nach ihr gibt es zwei elektrische Fluida, die in einem unelektrischen Körper in gleichen Mengen vorhanden sind und sich gegenseitig neutralisieren. Bei einem elektrischen Körper ist eine im Überschuß oder überhaupt allein vorhanden, so daß ein Elektrisieren einer Trennung der beiden Fluida gleichkommt. Dies wurde überdies durch einen schon 1757 angestellten Versuch von Wilke bestätigt. Er zeigte nämlich, daß beim Reiben eines Körpers nicht nur dieser, sondern auch das Reibzeug Elektrizität aufwies, und zwar die entgegengesetzte wie der Körper. Er stellte dann eine Spannungsreihe mehrerer Substanzen auf, so daß jede mit der folgenden bzw. vorausgehenden gerieben positiv bzw. negativ — in unserer Ausdrucksweise — wurde.

Symmers Theorie war die Frucht seiner Versuche mit einem ganz ungewöhnlichen physikalischen Apparate, seinen Strümpfen. Er pflegte solche von weißer und darüber von schwarzer Farbe zu tragen. Als er einst beide nacheinander auszog, bemerkte er, daß sie dadurch elektrisch wurden und daß sogar Funken zwischen ihnen auftraten. Zwei abgestreifte schwarze Strümpfe stießen sich gegenseitig ab, ebenso zwei weiße, während zwischen zwei ungleichfarbigen eine Anziehung erfolgte. Symmer konnte all dies aus der Annahme zweier Elektrizitäten und dem Gesetz erklären, daß sich zwei gleichartige abstoßen, zwei ungleichartige dagegen anziehen.

Aepinus versuchte, wie erwähnt, sein Influenzexperiment nach der unitarischen Theorie zu erklären, was jedoch viel umständlicher ist als nach derjenigen Symmers. Diese hat daher aus Zweckmäßigkeitsgründen auch nach und nach mehr Anklang gefunden und schließlich Franklins Ansicht völlig verdrängt, besonders nachdem man bemerkt hatte, daß die sog. Lichtenbergschen Figuren wider Erwarten keinen

Entscheid zwischen den beiden Theorien liefern konnten. Der bekannte Satiriker, Mathematiker und Physiker Georg Christoph Lichtenberg (1744—99) zu Göttingen hatte diese Figuren (1777) erstmals erhalten, als er einen Harzkuchen an einer elektrisierten Stelle bestäubte. Lichtenberg hat auch einen sehr glücklichen, noch heute ausschließlich gebräuchlichen Ausdruck geschaffen, indem er (1777) die Glas- bzw. Harzelektrizität als „positive" bzw. „negative" bezeichnete. Diese Benennung ist schon deshalb zweckmäßiger als die ältere, weil, wie Canton zuerst gezeigt hat, Glas je nach seiner Beschaffenheit und dem Reibzeug auch negativ elektrisch werden kann.

Es ist nicht mit Sicherheit festzustellen, wer zuerst bemerkt hat, daß ein Körper seine Elektrizität verliert, wenn man ihm eine abgeleitete Nadel gegenüberstellt. Es erweckte den Anschein, als sauge deren Spitze die Elektrizität aus dem Körper heraus. Noch heute kann man diese irrige Meinung häufig in Physikbüchern vorfinden, während vielmehr die Erscheinung dadurch zu erklären ist, daß die Elektrizität des geladenen Körpers von der aus der Spitze ausströmenden ungleichnamigen neutralisiert wird. Der dabei auftretende sog. „elektrische Wind" war bereits Franklin (1747) bekannt. Nur erwähnt sei das elektrische Flugrad (1750) von Wilson (1708?—88). Unstreitig die wichtigste Anwendung der Spitzenwirkung — vom Saugkamm der Elektrisiermaschinen abgesehen — bietet der Blitzableiter, der allein schon genügen würde, den Namen seines Erfinders Franklin unvergeßlich zu machen.

Nach Wall hatten auch Desaguliers, Nollet und (1746) Winkler die Vermutung ausgesprochen, der Blitz sei nur ein gewaltiger elektrischer Funke. Auch Franklin war fest davon überzeugt und machte schon 1750 den ersten Vorschlag zur Konstruktion eines Blitzableiters, ohne sich jedoch mit der praktischen Ausführung zu befassen. In Frankreich lieferte man im Mai 1752 an isolierten senkrechten Eisenstangen von 40 und 99 Fuß Höhe den experimentellen Nachweis für die elektrische Natur des Blitzes. Im Juni 1752 zeigte auch Franklin unabhängig

dasselbe durch den berühmten Versuch mit einem Seiden-
drachen, an dessen eiserner Spitze eine Hanfschnur befestigt war, die an ihrem unteren Ende einen Schlüssel
trug. An ihn war eine seidene Litze geknüpft, die man
in der Hand hielt. Während eines herannahenden Ge-
witters (22. Juni 1752) ließ Franklin unter Beihilfe seines Sohnes den Drachen auf freiem Felde bei Philadelphia steigen, jedoch zunächst ohne Erfolg. Dieser stellte
sich erst ein, als der Gewitterregen die Schnur angefeuch-
tet und damit leitend gemacht hatte. Franklin konnte
nämlich jetzt zahlreiche Funken aus dem Schlüssel heraus-
ziehen. Ermutigt durch die schöne Bestätigung seiner
Überlegungen, errichtete er nun an seinem Hause eine hohe
isolierte Eisenstange, die am untern Ende ein elektrisches
Glockenspiel besaß, das durch sein Geklingel die Anwesenheit von Elektrizität nachwies. Wie alle seine bedeutenden Studien auf diesem Gebiete legte er auch die
Theorie des Blitzableiters in einem der Briefe (dem 13.
vom 17. Sept. 1753) dar, die er vom 28. Juli 1747 bis
18. April 1754 an den Kaufmann Peter Collinson (1694
bis 1768), Mitglied der Royal Society, richtete. Im Jahre
1753 hatte auch Winkler den Blitzableiter vorgeschlagen,
was 1754 einen Ordenspriester der Prämonstratenser,
Prokop Diwisch († 1765) zu Prenditz (bei Znaim in
Mähren), zur praktischen Ausführung veranlaßte. Diwisch
mußte den Ableiter aber schon nach zwei Jahren wieder
entfernen lassen, weil die Bauern behaupteten, die Wetter-
stange trage die Schuld an dem trockenen Jahre (1756).
In England fand der Blitzableiter 1762 seine Einführung,
1769 in Deutschland, 1784 in Frankreich usw.

Im Jahre 1752 gelang es Le Monnier nachzuweisen,
daß die Luft stets elektrisch ist, auch dann, wenn keine Ge-
witterwolken vorhanden sind. Mit ähnlichen Studien be-

schäftigte sich auch der Turiner Professor Beccaria (1716
bis 1781), der eine Theorie der Gewitter aufzustellen suchte,
ohne sich jedoch in solchen Fragen zu voller Klarheit durch-
zuringen, da er (1758) glaubte, die Erdbeben entstünden
durch einen Ausgleich der atmosphärischen und irdischen
Elektrizität.

Im gleichen Jahre wie Franklin hatte auch de Romas
(†1776) ähnliche Versuche mit einem Drachen angestellt.
Es ist ganz erstaunlich, wie tollkühn man experimentierte,
erhielt doch de Romas gelegentlich Funken von zehn Fuß
Länge. Ein Unglück war schließlich unvermeidlich. Der
schon erwähnte Physiker Richmann in Petersburg, der mit
einem isolierten Blitzableiter, seinem „Gnomon Electricitatis",
Untersuchungen anstellte, kam am 6. August/26. Juli 1753,
als ein Gewitter über Petersburg zog, der Stange des Apparats
zu nahe und wurde in Gegenwart des akademischen Kupfer-
stechers Sokolow „durch einen bläulichen faustgroßen Feuer-
ball" getötet. Das tragische Ende Richmanns diente für alle
späteren Versuche zur Warnung.

Die tötende Wirkung starker elektrischer Entladungen
hatte schon Nollet an kleinen Tieren demonstriert. Sonst
wußte man nur wenig Bestimmtes über die physiologischen
Wirkungen der Elektrizität. Der Universitätsarchivar Pivati
(1689—1764) zu Bologna glaubte, durch Berühren mit einem
elektrisierten, peruanischen Balsam enthaltenden Glaszylinder Krankheiten heilen zu können. Der Arzt Kratzenstein
(1723—95) hat angeblich schon 1744 einen gelähmten Finger
durch Elektrizität kuriert. 1745 veröffentlichte er eine „Abhandlung vom Nutzen der Elektrizität in der Arzneiwissen-
schaft". Über dasselbe Thema schrieb auch (1748) Jalla-
bert (1712—68) in Genf und (1751) der Arzt Bohadsch
(1724—68) in Prag. Nollet glaubte auch, man könne durch
Elektrizität das Wachstum und die Fruchtbildung der Pflan-
zen günstig beeinflussen. Bertholon z. B. suchte dies (1783)
dadurch zu erreichen, daß er, auf einem isolierenden Tisch oder
Wagen stehend, seine Kulturen mit Wasser begoß oder be-
spritzte, das mit dem Konduktor einer Elektrisiermaschine
leitend verbunden war.

Der schon früher erwähnte Dr. Bevis gab die Grundform
unserer Blätterkondensatoren, die sog. Franklinsche Tafel,
indem er eine Glastafel auf beiden Seiten bis auf einen zoll-

breiten Rand mit Stanniol beklebte. Der Apparat trägt den Namen Franklins, weil dieser abnehmbare Belegungen benutzte (1749) und damit die Wirkung des Dielektrikums untersuchte. Er gab damit z. B. das bekannte Experiment, das wir heute an einer zerlegbaren Leidener Flasche demonstrieren, aus dem hervorgeht, daß eigentlich das Glas der Träger der Elektrizität ist. Im Jahre 1762 machte Wilke eine seltsame Beobachtung. Er hatte eine Franklinsche Tafel entladen und eine Belegung abgenommen. Sie wies dann wieder Elektrizität auf, und zwar die entgegengesetzte wie vorher an der Tafel. Berührte er die Belegung ableitend und brachte sie wieder an die Glasplatte, so konnte er den Versuch immer wieder von neuem anstellen. Einer Erklärung, die Beccaria für dieses Experiment gab (1769), trat Alessandro Volta (1745—1827) entgegen und wandelte Wilkes Apparat (1775) zu seinem hinreichend bekannten „immerwährenden Elektrophor" um, bei dem er jedoch statt der Glasplatte einen Harzkuchen benutzte. Indem er diesen durch eine dünne Schicht von isolierendem Firnis ersetzte, erhielt er (1782) seinen bekannten „Kondensator", mit dem man Elektrizität, die vermöge ihrer geringen Spannung nicht auf ein Elektroskop wirken kann, zu einer meßbaren Menge anzusammeln vermag. Die direkte Vereinigung des Kondensators mit dem Elektroskop (1787) ergab ein empfindliches Instrument, das wir bei der Besprechung von Voltas Fundamentalversuch noch erwähnen werden. Dem gleichen Zweck wie der Kondensator an diesem Instrument diente der Duplikator (= Doppler) von Bennet (1787), den Nicholson im folgenden Jahre in eine für die Handhabung etwas bequemere Form brachte.

Sehr wichtige Untersuchungen lieferte Coulomb mit seiner schon wiederholt erwähnten, bis heute eigentlich unveränderten Drehwage. Er konnte damit (1788) sein berühmtes Gesetz entdecken und begründen: Die Kraft, mit der zwei elektrische Körper aufeinander wirken, ist ihren Elektrizitätsmengen direkt und dem Quadrate ihrer Entfernung indirekt proportional. Aus diesem Gesetze läßt sich die notwendige Folgerung ziehen, daß die Elektrizität ihren Sitz nicht etwa im Innern, sondern nur auf der Oberfläche eines Leiters haben kann. Eine diesbezügliche Beobachtung hatte schon Gray (1730) gemacht. Er fand nämlich, daß ein hohler Würfel aus Eichenholz ebensoviel Elektrizität aufnehmen konnte als ein solider. Franklin elektrisierte eine isolierte silberne Kanne und senkte eine Kugel an einem Seidenfaden bis auf den Boden hinein. Sie wurde dadurch aber nicht elektrisch. Dieselbe Kanne gebrauchte Franklin auch zum Nachweis der Dichtigkeitsabnahme bei Vergrößerung der Oberfläche. Er zog nämlich eine 2,7 m lange Metallkette, an der zwei Doppelpendel hingen, an einem Seidenfaden aus der elektrisierten Kanne heraus. Die Divergenz der Pendel nahm dadurch ab. Coulomb bewies (1786), daß die Elektrizitätsdichtigkeit auf einem Leiter nur von seiner Form und nicht von seinem Stoff abhängt. Den Sitz der Elektrizität auf der Oberfläche demonstrierte Coulomb auf zweierlei Weise. Er befestigte eine leitende Hohlkugel, die einige größere Löcher hatte, auf einem isolierenden Fuß und elektrisierte sie kräftig. Mit einem kleinen Probescheibchen ließ sich dann Elektrizität nur auf der äußeren Fläche nachweisen. Elektrisierte Coulomb eine isolierte Metallkugel und umgab sie dann mit zwei genau umschließenden isolierten Halbkugeln, so wiesen diese die Elektrizität auf. Elektrisierte Coulomb andrerseits die Halbkugeln, solange sie noch die Metallkugel umgaben, so war diese unelektrisch, wenn er die Halbkugeln wegnahm.

In der zweiten Hälfte des achtzehnten Jahrhunderts gelang es, den engen Zusammenhang zwischen elektrischen und chemischen Erscheinungen zu erkennen bzw. durch Elektrizität chemische Prozesse einzuleiten. Henry Cavendish (1731—1810) ließ z. B. durch Luft den elektrischen Funken schlagen und konstatierte eine Volumverminderung sowie die Bildung von Salpetersäure. Diese Ergebnisse blieben aus bei phlogistisierter bzw. dephlogistisierter Luft (Stickstoff bzw. Sauerstoff) allein. Außer dieser Neubildung eines zusammengesetzten Körpers aus einfachen unter dem Einfluß des elektrischen Funkens gelang es auch, eine Zerlegung durch die Elektrizität zu erreichen. Paetz van Troostwyk (1752—1837) und Deimann (1753—1808) ließen nämlich zahlreiche Entladungen einer Batterie zwischen zwei Drähten mit 3 mm Abstand in Wasser übergehen und beobachteten dabei dessen Zerlegung (1789). Zwölf Jahre darauf bemerkte Wollaston (1766—1828) die Abscheidung von Metallen aus ihren Lösungen durch den elektrischen Funken. Er ließ nämlich den 2,5 mm langen Funken einer Elektrisiermaschine auf einen von zwei Silberdrähten schlagen, während der andere zur Erde abgeleitet war. Die 0,2 mm dicken Drähte waren fast völlig mit Siegellack überzogen und tauchten in eine Kupfervitriollösung. Schon nach hundert Umdrehungen wurde an der negativen Elektrode Kupfer abgeschieden, das sich aber sofort wieder auflöste, wenn man die Pole vertauschte. Verwendete Wollaston zu dem gleichen Versuche Quecksilberchlorid und Golddrähte, so wurde die negative Elektrode amalgamiert.

Die Gesetze für derartige Erscheinungen konnten erst gegeben werden, als man über konstante elektrische Ströme verfügen konnte. Die ersten diesbezüglichen Beobachtungen fallen eigentlich schon in die bisher betrachtete Zeit. Wir werden aber erst später im Zusammenhang davon reden und hier nur noch auf einige eigenartige Elektrizitätsquellen hinweisen.

Die rätselhaften Schläge des Zitterrochen waren, wie erwähnt, schon dem Altertum bekannt, ohne daß man sie sich erklären konnte. Im Jahre 1671 hatte Richer in den Gewässern von Südamerika ein Tier mit ganz ähnlichen Eigenschaften entdeckt, den Zitteraal (Gymnotus electricus), den A. van Berkel (1680) zuerst beschrieb. Zu einer Zeit, da elektrische Erscheinungen im Vordergrunde des Interesses standen, entdeckte (1751) der Botaniker Adanson aus Paris den Zitterwels (Malapterurus electricus) und verglich dessen lähmenden Schlag mit der Erschütterung beim Entladen einer Kleistschen Flasche. Denselben Vergleich stellte 's Gravesande (1755) auch für den Zitteraal an. Im Jahre 1755 gelang es John Walsh († 1795) nachzuweisen, daß es sich wirklich beim Rochen um elektrische Schläge handle.

Es gelang nämlich, die Empfindung durch eine Menschen-
kette zu leiten, deren Endpersonen den Fisch auf der oberen
und unteren Seite berührten. Erfolgte die Entladung durch
einen Stanniolstreifen, der an einer Stelle unterbrochen war,
so trat dort bei jedem Schlag ein kleiner elektrischer Funke
auf. Die Frage war damit in rein physikalischer Hinsicht gelöst. Erst 1773 veröffentlichte der berühmte Anatom John
Hunter eine treffliche Beschreibung der elektrischen Organe
des Zitteraals.

Das Entstehen elektrischer Ladungen bei Versuchen mit
geschmolzenen Substanzen zeigte Wilke (1757). Wurde
geschmolzener Schwefel z. B. in eine Glasschale gegossen
und dann beim Erkalten mit einem Glasstabe herausgehoben,
so besaßen Schwefel und Glasschale starke, entgegengesetzte
Elektrizitäten. Auch bei anderen Körpern zeigten sich ähnliche Erscheinungen. Die Substanz des Gefäßes bedingte die
Art der erzeugten Elektrizität. Ebenso interessant ist die
Pyroelektrizität der Kristalle, die sich erstmals in dem Buche
des sächsischen Stabsmedikus Daumius „Curiöse Specu-
lationes bei schlaflosen Nächten" (1707) erwähnt findet. Es
wird dort mitgeteilt, der 1703 von den Holländern aus Ceylon
mitgebrachte Turmalin ziehe erhitzt leichte Aschenteilchen
an und stoße sie dann wieder ab („Aschentrecker"), wie dies
Juweliere beobachten, die den Kristall zur Härteprüfung
auf glühende Kohlen legen. Der Turmalin wurde zuerst für
magnetisch gehalten und darum „Ceylonscher Magnet" genannt, während ihn Linné im Jahre 1747 in seiner „Flora
ceylanica" ohne jede weitere Begründung als „Lapis electricus"
anführte. Daß er diesen Namen wirklich verdient, wies Aepinus erst 1756 nach. Wurde der Kristall ungleich erwärmt, so
wurde die eine Hälfte positiv, die andere negativ elektrisch.
Erst im neunzehnten Jahrhundert hat man genauere Untersuchungen über die Kristallelektrizität angestellt.

Das neunzehnte Jahrhundert.

Die Mechanik.

Schon bei der Besprechung der Mechanik des achtzehnten Jahrhunderts mußten wir einen großen Teil dieses
Zweiges der Physik völlig unberücksichtigt lassen, um

unsere Betrachtungen nicht zu sehr ausdehnen und Fragen behandeln zu müssen, die weniger allgemeines als mathematisches oder überhaupt theoretisches Interesse zu finden pflegen. Auch für das neunzehnte Jahrhundert werden wir uns vor allem mit der experimentierenden Mechanik befassen.

An erster Stelle wollen wir uns den Versuchen zuwenden, die weitere unumstößliche Beweise für die Lehre des Coppernicus gegeben haben. Newton hatte bereits erkannt, daß ein von einem Turme fallender Körper nicht westlich hinter dem Turme zurückbleiben muß, wie die Gegner des Coppernicus gemeint, sondern im Gegenteil ihm sogar nach dem Beharrungsgesetz gegen Osten zu vorauseilen muß. Guglielmini († 1817) bestätigte dies 1790—91 durch Fallversuche an dem Turme degli Asinelli zu Bologna, ebenso der Gymnasialprofessor Benzenberg (1777—1846) durch ähnliche Experimente am Michaelisturm zu Hamburg (1802) und im Kohlenschacht zur alten Roßkunst in Schlebusch (1804), und schließlich noch Ferdinand Reich (1799—1882) im Dreibrüderschacht zu Freiberg (1831). Von Reich stammen auch Messungen der mittleren Erddichte (1838 und 1852) unter Benutzung der Drehwage. Airy verwendete zum gleichen Zwecke Pendelschwingungen an der Erdoberfläche und in Bergwerksschachten (1826—28 und 1854). Jolly (1809—84) maß die Erddichte durch Wägungsversuche (1878), Wilsing in Potsdam mit einer großen vertikalen Drehwage (1887). Die neusten Messungen sind von Poynting (1891), Boys (1894), sowie von Richarz und Krigar-Menzel (1896).

Von bedeutenderem Interesse für das große Publikum war der berühmte Pendelversuch von Foucault (1819—68). Ein Pendel hat nämlich das Bestreben, seine Schwingungsebene andauernd beizubehalten, wie sich leicht durch Aufsetzen auf eine Zentrifugalmaschine zeigen läßt. Rotiert nun die Erde wirklich von Westen nach Osten, so muß sich die Schwingungsebene scheinbar drehen und zwar auf der nördlichen Erdhälfte im Sinne des Uhrzeigers. Foucault konnte dies wirklich zeigen, zuerst mit einem 2 Meter langen und 5 kg schweren Pendel in einem Keller und dann mit einem anderen von 11 m Länge im Meridiansaal der Pariser Sternwarte (1850). Die scheinbare Drehung der Schwingungsebene erwies sich stets, der Theorie entsprechend, dem Sinus der geographischen Breite proportional[1]). Der äußerst instruktive Versuch wurde häufig gezeigt, z. B. im Pantheon, im Ausstellungspalast zu Paris (1855), ferner in den Domen zu Köln und Speyer. Zur Beseitigung der auftretenden Erklärungsschwierigkeiten verbesserte Foucault den (1817) von Bohnenberger (1765—1831) in Tübingen ersonnenen Rotationsapparat zur Erläuterung der Erdumdrehung (Foucaults Gyroskop 1852), dem 1853 Friedrich Fessel (g. 1821) eine noch etwas zweckmäßigere Form gab.

Klassische Pendelstudien stammen von Friedrich Wilhelm Bessel (1784—1846) mit seiner „Untersuchung der Länge des Sekundenpendels" (1826). Er beobachtete die Schwingungszeiten T und t zweier Pendel mit dem Längenunterschied λ, wodurch sich die sehr schwierige Längenbestimmung umgehen läßt. Bessel erhielt dann mit außerordentlicher Genauigkeit die Beschleunigung für den freien Fall nach der Formel

$$g = \frac{\pi \cdot \lambda}{T^2 - t^2} \cdot$$

Diese Größe ist, wie schon Newton gelehrt und geprüft hatte, für die verschiedensten Körper dieselbe. Bessel wies dies durch Schwingen von Pendelkugeln aus Metallen, Glas, Elfenbein usw. aufs überzeugendste nach (1839).

Verhältnismäßig einfach läßt sich die Länge des Sekundenpendels mit dem von Bohnenberger (1811) beschriebenen Reversionspendel bestimmen, wie dies Kater (1777—1835) getan hat (1818). Dieser Apparat geht, wie bereits früher erwähnt wurde, im Prinzip auf Huygens zurück.

Die Elastizität ist im neunzehnten Jahrhundert der Gegenstand bedeutender experimenteller und theoretischer Untersuchungen gewesen. Letztere gehen bis auf Fresnel (1788 bis 1827) zurück, werden aber nicht weiter von uns behandelt.

---

[1]) Vgl. Sammlung Göschen Nr. 92, S. 124 f.

Die Grundlagen für absolute Messungen elastischer Kräfte schuf der Arzt Thomas Young (1773—1819) durch Aufstellung genauer Definitionen der Grundbegriffe z. B. für den Elastizitätskoeffizienten (1807). Die umfassendsten Experimentaluntersuchungen stellte Wilhelm Wertheim (1815—61) seit dem Jahre 1844 an. Die von Wilhelm Weber (1804—91) an Seidenfäden zuerst beobachtete elastische Nachwirkung (1835) behandelten besonders Rudolf Clausius (1822—88) und F. Kohlrausch (g. 1840).

Mit der Zusammendrückbarkeit der Flüssigkeiten hatte sich schon die Accademia del Cimento befaßt. Wesentlich besser war das positive Resultat, das Canton (1761) erhielt, als er Wasser durch Luft komprimierte, wobei jedoch die Ausdehnung des Druckgefäßes störte. Oersted (1777—1851) vermied diesen Fehler durch Einsetzen der Komprimiervorrichtung in Wasser (1822). Die Zusammendrückbarkeit erwies sich als äußerst gering. Der Name „Piëzometer" für das verwendete Instrument stammt übrigens nicht von Oersted, sondern von Colladon (1802—93) und Sturm (1803—55), die (1827) ähnliche Untersuchungen anstellten. Dem Ausfluß durch Kapillarröhren sind Arbeiten des Wasserbautechnikers Hagen (1797—1884) gewidmet (1839). Der Mediziner Poiseuille (1799—1869), den Studien über das Eindringen von Arzneistoffen durch die Haut zu diesen Fragen geführt hatten (1840—47), konnte das betr. Gesetz aufstellen. Einen klareren Einblick ermöglichte erst Hagenbach (g. 1833) durch genaue Definition der Konstante für innere Reibung (Viskosität). Gediegene Studien gaben noch (1857) O. E. Meyer (g. 1834) und (1870) Warburg (g. 1846).

Werden zwei mischbare Flüssigkeiten von verschiedenem spezifischen Gewichte sorgfältig übereinander geschichtet, so erfolgt doch nach und nach eine Mischung, die sog. (freie) Diffusion. Sie wurde besonders (1850) durch Thomas Graham (1805—69) mustergültig untersucht. Nollet hatte bereits 1748 wahrgenommen, daß Alkohol und Wasser sich durch eine Schweinsblase hindurch vermengen. Der Arzt Dutrochet (1776—1847) beschäftigte sich genauer mit diesen Strömungen durch eine Membran unter Benutzung der bekannten unten verschlossenen Trichterröhre. Er nannte die Erscheinung „Osmose" und unterschied zwischen „Endosmose" und „Exosmose". Graham wies auf eine hierbei

auftretende Verschiedenheit zwischen zwei Gruppen lös-
licher Substanzen hin, die er als „Kristalloide" und „Kolloide"
(1861) bezeichnete und betonte die Wichtigkeit der dialyti-
schen Reinigung von Kolloiden.

Laplace (1749—1827) hatte 1806/07 die Kapillarität
auf zwei Hauptsätze basiert, denen Gauß (1777—1855) den
weiteren hinzufügte (1829), daß eine Flüssigkeitsoberfläche
stets eine sog. „Minimalfläche" bildet. Experimentaluntersuchungen lieferten zunächst (1833) der Botaniker Link
(1767—1851), (1835) Frankenheim (1801—69), (1836) Degen
(1802—50) und Plateau (1801—83) in den sechziger Jahren.
Die Unrichtigkeit der von Young gemachten Annahme, der
Randwinkel bei einer benetzenden Flüssigkeit sei unver-
änderlich, betonte zuerst (1863 f.) Wilhelmy (1812—64).
Sehr eingehende Studien über das ganze Gebiet der Kapillarität, Tropfenbildung, Ausbreitung der Flüssigkeiten usw.
liegen von Georg Quincke (g. 1834) vor. Die hinreichend
bekannten Versuche Plateaus mit Seifenhäutchen an Draht-
gestellen bilden eigentlich nur eine Fortsetzung derjenigen,
die Plateau, seit 1843 durch Untersuchungen über subjektive
Farben erblindet, „über die Erscheinungen bei einer freien
und der Einwirkung der Schwere entzogenen Masse" angestellt hatte, indem er Olivenöltropfen in ein Wasser-Alko-
holgemisch vom gleichen spezifischen Gewicht brachte.
Durch Rotation der Ölmasse konnten planetenähnliche Ge-
bilde erzeugt werden (z. B. Saturn mit Ring). Ja, es gelang
sogar, durch passende Kunstgriffe ein Abbild des Weltsystems
zu schaffen. Plateau war sich dessen wohl bewußt, daß dies
rein zufällig war und nicht als experimenteller Beweis für die
Kant-Laplacesche Theorie angesehen werden darf, wie dies
heute sogar noch viele populäre Astronomiebücher angeben.

Kant (1724—1804) hatte, das sei hier nur kurz erwähnt,
in seiner „Allgemeinen Naturgeschichte und Theorie des Him-
mels" (1755) seine Weltentstehungshypothese aufgestellt,
die fast vergessen war, als Laplace (1796) in seiner „Exposition du système du monde" seine in der Hauptsache gleiche,
aber unabhängig gefundene Anschauung darlegte[1]).

Zu der Mechanik der Gase übergehend, beschäftigen wir
uns zunächst mit der Physik der Atmosphäre, die in den ersten

---

[1]) Vgl. Sammlung Göschen Nr. 26, S. 8.

Jahrzehnten des Jahrhunderts den tüchtigen Untersuchungen von Dalton (1766—1844) bedeutende Förderung verdankt. Ihm gelang es zunächst, manche Bedenken zu zerstreuen, die bestritten, daß die Luft nur ein Gemenge von Stickstoff, Sauerstoff und wenig Wasserdampf sei, da man doch wegen des verschiedenen spezifischen Gewichts dieser Gase sonst Einzelschichten wahrnehmen müsse. Dalton erkannte, daß man dabei die freie Diffusion nicht berücksichtige, und fand (1807) die wichtige Tatsache, daß zwei Gase, die man irgendwie miteinander in Verbindung setzt, sich völlig vermischen, auch bei gleichen Drucken und verschiedener Dichte. Der resultierende Gasdruck ergab sich gleich der Summe der einzelnen Partialdrucke — natürlich nur, wenn die Gase sich chemisch nicht beeinflußten. Danach gibt die Summe der Drucke von Sauerstoff, Stickstoff und Wasserdampf den Druck der Atmosphäre. Während man früher zu dessen Messung nur das schwer transportable Quecksilberbarometer gebrauchen konnte, gelang in den vierziger Jahren auch die Konstruktion der äußerst handlichen Aneroidbarometer. Der Gedanke eines solchen findet sich schon bei Leibniz (1702) vor; die erste mangelhafte Ausführung stammt von Zeiher (1720—84) aus dem Jahre 1760. Wirklich brauchbar wurde es erst durch Vidi (1844), der eine luftleere Kapsel mit elastischem Deckel benutzte. Schinz verwendete (1845) eine luftleere Metallröhre von elliptischem Querschnitt. Andere Formen gaben (1850) Bourdon (1779—1854) und J. Goldschmidt (1815 bis 1876).

Außer der von Dalton bemerkten „freien Diffusion" der Gase gibt es natürlich auch eine „unfreie" durch Diaphragmen, was um 1830 von Graham konstatiert wurde. Bunsen (1811—99) nahm später diese Untersuchungen, sie teilweise berichtigend, auf („Gasometrische Methoden" 1857). Von ihm stammt bekanntlich ein Verfahren zur Ermittlung von Gasdichten, die nahezu den Quadraten der Ausflußgeschwindigkeiten aus einer engen Öffnung umgekehrt proportional sind, wenn nur der Druck der gleiche ist. Bunsen hat später noch (1883) wichtige Untersuchungen über die Beschaffenheit von Gasen angestellt, die von festen oder flüssigen Körpern verschluckt sind. Solche Absorption war übrigens viel früher (1777) schon von Scheele und Fontana gleichzeitig beobachtet worden, insonderheit für Holzkohle, die frisch

geglüht und dann unmittelbar unter Quecksilber abgekühlt
worden war.

Um die vom Blute absorbierten Gase zu gewinnen, be-
nötigte der Physiolog Karl L u d w i g (1816—95), der Erfinder des Pulsmessers (Kymographion 1847), eine Luftpumpe zur Erzielung einer bedeutenden Luftleere. Auf seine
Anregung hin konstruierte Heinrich G e i ß l e r (1817—79) in
Bonn (1857) nach der Angabe von P f l ü g e r (g. 1828) die erste
Quecksilberluftpumpe. Auf dem Prinzipe des sog. negativen
(hydrodynamischen) Drucks beruht die 1865 durch S p r e n g e l
ersonnene Quecksilberluftpumpe, welche dieselbe Erscheinung verwendet wie der 1858 von Henry G i f f a r d (1825—82)
konstruierte Injektor zur Einführung von Speisewasser in
Dampfkessel und die 1859 von K. F. Schimper angegebene
Blasepumpe (Zerstäuber).

Dem Apparate Sprengels ist die von Bunsen (1869) eingeführte Wasserluftpumpe durchaus analog. Sie wurde später noch mehrfach verbessert (z. B. von Arzberger und Zul-
kowsky) und bildet ein wichtiges Gerät für das Laboratorium,
weil sie auch für Gebläse zu gebrauchen ist. Allerdings kann
man nur einen geringen Grad von Luftverdünnung mit Bun-
sens Pumpe erzielen, für ein hohes Vakuum benutzt man
immer nur die Quecksilberpumpe. Neuerdings greift man
gelegentlich auch wieder auf ein schon von D a v y (1778—1829)
angewandtes Verfahren (1799) zurück. Er füllte nämlich den
Rezipienten mit Kohlensäure, evakuierte dann so gut als
möglich und beseitigte den letzten Rest des Gases auf che-
mischem Wege durch Ätzkali.

Bei der technischen Verwendung der Luftpumpe denkt
man meist nur an Glühlampen und Röntgenröhren der neueren Zeit, und vergißt die von Eduard Howard schon 1812 für
die Zuckersiedereien eingeführten Vakuumdampfapparate,
um die Bildung von Karamel zu verhüten, sowie die Einrichtung der sog. Rohrpost. Schon 1810 hatte der Engländer
Medhurst empfohlen, in einer Röhre die Luft zu verdünnen
und so einen dichtschließenden Behälter durch den einseitig
wirkenden Atmosphärendruck zu bewegen. Im Jahre 1838
verwendeten die englischen Ingenieure Samuda und Clegg
diesen noch durch Vallance und Pinkus veränderten Vorschlag bei der Wormwood Scrubsbahn bei London, doch
konnte eine den Kosten entsprechende Rohrpost erst 1853

durch Latimer Clark in London zur Ausführung kommen. Bekanntlich sollte auch die Jungfraubahn als pneumatische gebaut werden nach dem Vorschlage von Locher, man entschied sich jedoch für die Ausführung als elektrische Adhäsions- und Zahnradbahn nach dem Entwurf von Guy-Zeller (gest. 3. März 1899).

Interessante Aufschlüsse über unsere Atmosphäre verdankt das neunzehnte Jahrhundert den unzähligen Fahrten mit dem Luftballon. Der Aeronaut Robertson war am 18. Juli 1803 zu Hamburg bis zu einer Höhe von 7400 m (?) aufgestiegen und glaubte dabei eine Abnahme in der Stärke des Erdmagnetismus u. dgl. beobachtet zu haben. Da man dies jedoch anzweifelte, veranstaltete die Pariser Akademie der Wissenschaften eine Luftreise, zu der Biot und Gay-Lussac gewählt wurden. Der Aufstieg erfolgte am 23. August 1804. Man erreichte 3977 m Höhe, während Gay-Lussac auf einer zweiten, allein unternommenen Reise am 9. September 1804 bis zu 7016 m kam. Robertsons Beobachtungen erwiesen sich als Täuschungen, daneben erhielt man reiches Material über die konstante Zusammensetzung der Luft, über Temperaturverteilung, elektrischen Zustand usw. Bei den Fahrten von Bixio (1808—65) und Sacharow in Petersburg war die Ausbeute geringer. Die ersten wissenschaftlichen Fahrten auf breiterer Basis wurden in den Jahren 1862—63 durch James Glaisher (1809—74) und Coxwell unternommen, ferner (1867) durch Flammarion (g. 1842), durch Tissandier (1843—75) und de Fonvielle (g. 1828). Schon in den sechziger Jahren hatten sich Gesellschaften für wissenschaftliche Aeronautik gebildet, denen wir manche Bereicherung unseres Wissens über die Physik der Atmosphäre verdanken. Von ganz besonderer Bedeutung sind die internationalen Ballonfahrten, die Professor Hergesell in Straßburg (1896) ins Leben gerufen hat[1]). Auch für die geographische Forschung suchte man den Ballon zu verwenden. Am 11. Juli 1897 stieg nämlich der schwedische Ingenieur Salomon August Andrée mit zwei Genossen, Strindberg und Fraenkel, von Spitzbergen mit seinem Ballon „Örnen" (= Adler) auf, um durch den Wind getrieben den Nordpol zu erreichen. Der tollkühne Forscher ist seither völlig verschollen und hat sein zu sehr verfrühtes Unternehmen zweifellos mit dem Leben bezahlt.

[1]) Vgl. Sammlung Göschen Nr. 54, S. 25.

Schon bei der Hochfahrt (8500 m) von Glaisher und Coxwell (1862) wurde man darüber belehrt, daß zur Verhütung von Bewußtlosigkeit künstliche Sauerstoffzuführung bei sehr großen Aufstiegshöhen notwendig wird. Am 4. Dezember 1894 hatte Berson als alleiniger Balloninsasse eine Höhe von 9150 m bei einer Temperatur von — 47° erreicht. Bei einem Aufstieg von Berlin aus mit Süring in einem 8400 cbm haltenden Ballon erzielte er sogar am 31. Juli 1901 eine Maximalhöhe von 10 500 m.

Von einem an Seilen gehaltenen Fesselballon machten schon die Franzosen in den Revolutionskriegen in Belgien und am Rhein Gebrauch, während der „Ballon captif", den Giffard 1865 in London und 1867 auf der Weltausstellung zu Paris steigen ließ, nur Vergnügungszwecken diente. Die Kugelgestalt des Ballons erwies sich dabei stets als sehr unpraktisch wegen des Winddrucks. Der 1902 in Holland auf einer Luftreise verunglückte Hauptmann von Sigsfeld hat daher den sog. Drachenballon konstruiert, bei dem das Prinzip des bekannten Kinderspielzeugs eine interessante praktische Anwendung findet. Dieser Fesselballon bewährt sich im deutschen Heere ausgezeichnet für Rekognoszierungszwecke, so daß ihn auch fremde Armeen angenommen haben.

Einem militärischen Bedürfnis scheint das Problem des lenkbaren Luftschiffs entsprungen zu sein. Ein solches Fahrzeug war schon der Wunsch Napoleons I., der damit über die Flotte Englands hinweg dessen Küste erreichen wollte. Bei der Belagerung von Paris im Kriege 1870—71 gewann das Problem wieder an Interesse, die französische Regierung spornte sogar durch einen Preis zu einschlägigen Arbeiten an. Wir können auf die zahlreichen Einzelversuche hier natürlich nicht weiter eingehen und begnügen uns auf den Grafen von Zeppelin und Santos Dumont hinzuweisen. Das Luftschiff Zeppelins hatte eine Länge von 128 m und faßte 11 000 cbm Gas. Am 2. Juli 1900 stieg es mit dem Erfinder über dem Bodensee bis zu einer Höhe von 400 m auf, fiel aber dann nach einer kurzen Fahrt während eines sehr schwachen Winds, ohne Schaden zu erleiden, auf den See. Beim zweiten und dritten Aufstieg (Oktober 1900) stellten sich mehrfach Mängel ein. Ein wirklicher Erfolg steht bis heute noch aus, da auch der neuste Aufstieg (Januar 1906) die Lenkbarkeit nicht erwiesen hat. Eine Störung an den Luftschrauben und dem

Seitensteuer nötigte nach etwa einstündiger Fahrt zur Landung auf der Erde. Hoffentlich werden die Versuche noch fortgesetzt. Als einigermaßen lenkbar muß das Luftschiff des jungen Brasilianers Santos Dumont bezeichnet werden. Er konnte damit am 19. Oktober 1901 vom Park des Aeroklubs zu Saint-Cloud aus den Eiffelturm umsegeln und gegen den Wind zurückkehren, wofür ihm der Henri Deutsch-Preis von 100 000 Franken zuerkannt wurde, obwohl nicht alle gestellten Bedingungen erfüllt worden waren. Die weiteren Versuche von Santos Dumont sind hinter dem ersten sehr zurückgeblieben.

Noch weit schwieriger als das lenkbare Luftschiff ist das Flugproblem. Die dynamische Flugschiffahrt, die den Menschen um so mehr anzieht, als 62 Prozent aller Lebewesen fliegen können, geht auf den mythischen Dädalus mit seinem Sohne Ikarus zurück und zeigt uns eine große Reihe mehr oder minder phantastischer Flugapparate. Sehr bekannt ist die Flugmaschine, die der 1756 geborene „bürgerliche Uhrmacher" Jakob Degen in Wien von 1808—13 vorführte, bei der aber das Körpergewicht des Insassen durch ein an der Decke des Saales angebrachtes Gegengewicht erleichtert war. Nur einem Manne ist es bis jetzt gelungen, fallschirmartig von einem höheren Standort herabzufliegen, dem Ingenieur Otto Lilienthal (1848—96) zu Berlin. Nur er hat wirklich brauchbare Flugmaschinen konstruiert. Sein letzter Apparat mit zwei übereinander gebauten Flügeln von 18 qm Oberfläche erlaubte ihm, in wellenförmigen Kurven mit einer Geschwindigkeit von 10 Metern in der Sekunde gegen den Wind zu fliegen. Doch war er nicht stabil genug gebaut. Am 10. August 1896 überschlug er sich bei einem Versuche in beträchtlicher Höhe. Lilienthal fiel zu Boden und erlitt einen tödlichen Bruch der Wirbelsäule.

Die Akustik.

Die ersten Jahrzehnte des neunzehnten Jahrhunderts kennen die Akustik eigentlich nur als ein Anhängsel der Mechanik, weil man an keine Physik der Tonempfindungen dachte. Erst Hermann von Helmholtz (1821—94) lieferte den Nachweis für eine solche und hob damit die

Akustik als besondere physikalische Disziplin hervor. Bei der zunehmenden Bedeutung der Wellenbewegung für die ganze Physik lag es nahe von Überlegungen auszugehen, wie sie sich am akustischen Problem mit Leichtigkeit anknüpfen ließen. Wir sehen daher wiederholt, wie Fragen der Optik, Wärme- und Elektrizitätslehre durch ähnliche akustische Untersuchungen bedeutend gefördert werden.

Den ersten tieferen Einblick in die Natur der Wellenbewegung gaben die Gebrüder Weber, Wilhelm Eduard (1804—91) und Ernst Heinrich (1795—1878), durch die Veröffentlichung ihres Werkes: „Die Wellenlehre auf Experimente gegründet" (1825). Als Apparat diente ihnen die bekannte Wellenrinne, mit der sie die Form der Oberfläche, die Bahn der schwingenden Teilchen, die Fortpflanzung, Reflexion und Interferenz von Wellen genau studierten. Die für das inkompressible Mittel erforschten Tatsachen verstanden die Gebrüder Weber auch zur Erklärung für ein elastisches Medium geschickt zu verwerten.

Wir haben schon früher erwähnt, daß Laplace (1816) die Korrektion der Newtonschen Formel für die Schallgeschwindigkeit gegeben hat. Es wurden zunächst von vielen Forschern Einwürfe dagegen erhoben, so z. B. von Benzenberg, der 1809 und 1811 diese Größe gemessen hatte. Erst nach und nach verstummten die Ausstellungen gegen Laplaces Ansicht. Aus der Folgezeit nennen wir noch die von Arago (1786—1853) geleiteten Messungen der Pariser Akademie, an denen sich auch Alexander von Humboldt (1769—1859) beteiligte (1822), sowie diejenigen (1824) der Holländer Moll (1785—1838) und van Beek (1787—1856). Nicht ganz einwandsfrei sind die von Regnault (1810—78) im Jahre 1868 in den 1862—63 neugelegten Röhren der Pariser Wasserleitung ausgeführten Messungen. Sehr bequem ist das auch für Gase und Dämpfe geeignete Verfahren der Staubfiguren (1866)

von Kundt (1838—94), das auch die Schallgeschwindigkeit in festen Körpern mit Leichtigkeit zu bestimmen gestattet.

Im Jahre 1826 bemerkte Savart (1791—1841), daß
Flüssigkeiten den Schall in derselben Weise leiten wie
feste Substanzen. Genaue Untersuchungen, die zugleich
die Geschwindigkeit des Schalls für Wasser ergaben,
stellten (1827) Colladon und Sturm im Genfer See
zwischen Rolle und Thonon an, indem sie eine Glocke
unter Wasser anschlugen und mit einem hörrohrähnlichen
Instrument den Ton in 13487 Meter Entfernung nach
$9^{1}/_{4}$ bis $9^{1}/_{2}$ Sekunden hörten.

Wir haben schon früher einige Verfahren zur indirekten
Bestimmung der Schwingungszahl eines Tones besprochen.
Die erste direkte Zählung wurde 1819 durch die „Sirene" von
Charles Cagniard-Latour (1777—1859) ermöglicht. Seebeck (1805—49), Savart, R. König (g. 1832) und Helmholtz haben dieses Instrument in der Folgezeit mannigfach
verändert. In sehr interessanter Weise wurde die absolute
Schwingungszahl von Tönen durch den ehemaligen Seiden-
warenhändler Scheibler (1777—1838) bestimmt (1834), so-
wohl durch Benutzung einer Reihe von Stimmgabeln, als
auch mit einem Monochord und einer Stimmgabel. Beide
Verfahren stützen sich ebenso wie seine Methode zur Rein-
stimmung von Tönen im Prinzip auf das Auftreten von Schwebungen.

Mit einer anderen Interferenzerscheinung machte uns
Hopkins bekannt. Ähnlich wie Chladni Schwingungen von
Platten durch Sand demonstriert hatte, tat dies Savart bei
tönenden Pfeifen mittels eines dünnen mit feinem Sand be-
streuten Häutchens. Hopkins (1793—1866) modifizierte
(1838) diesen Versuch, blies auch die Pfeife nicht an, erzeugte
vielmehr den Ton durch eine unter ihr angebrachte Glasplatte,
die mit einem Geigenbogen gestrichen wurde. Bei geeigneter
Stellung traten Interferenzerscheinungen ein. Solche erhielt
er besonders leicht mit der bekannten unten gegabelten Röhre,
die oben durch eine Membran verschlossen ist. Bequemer
und auch sonst verwendbarer als dieses Instrument ist die

Interferenzröhre von Quincke, bei der sich die beiden Schallwege um eine halbe Wellenlänge unterscheiden.

Im Jahre 1843 hatte Ohm (1787—1854) eine Erklärung von der Zusammensetzung der Klänge entwickelt, deren Richtigkeit Helmholtz in seinem wahrhaft klassischen Werke „Die Lehre von den Tonempfindungen" (1. Aufl. 1863) darlegte und durch eigene äußerst gründliche und umfassende Forschungen zu einer physikalischen Theorie der Musik erweiterte. Als sehr geeignet für seine Experimentalstudien erwies sich sein Resonator. Helmholtz untersuchte die Klangfarbe der einzelnen musikalischen Instrumente, sowie die Zerlegung und Bildung der Vokale. Letztere erzielte er mit Hilfe seines bekannten elektromagnetischen Stimmgabelapparates. Seine weiteren Forschungen beziehen sich auf die Schwebungen und auf die Kombinationstöne, worunter er die schon länger bekannten Differenz- und die von ihm entdeckten Summationstöne verstand. R. König bestätigte (1876) mit Stimmgabeln und ebenso Robert Weber (g. 1850) mit seiner elektrischen Sirene das Auftreten der Summationstöne. Quincke konnte mit seiner Interferenzröhre die objektive Existenz der Kombinationstöne nachweisen.

Helmholtz machte auch den Vorgang des Hörens zum Gegenstand eingehender Studien. Es gelang ihm die Bedeutung des sog. Cortischen Organs im Ohr richtig aufzufassen. Der Marchese A. Corti hatte (1851) diesen wichtigsten Teil des Labyrinths ausführlich beschrieben, ohne jedoch über seinen wahren Zweck Klarheit zu besitzen. Helmholtz erklärte die Schallperzeption durch eine Art Resonanzerscheinung der Fasern des Cortischen Organs. Über die obere und untere Grenze der Hörbarkeit von Tönen stellte zuerst Savart seit 1830 und später noch A. Appun (g. 1839) Experimentalstudien an. Danach kann das Ohr Töne wahrnehmen, deren Wellenlänge in Luft zwischen 8 mm und 11 m liegt, was etwa 11 Oktaven entspricht, von denen jedoch nur 7 musikalisch verwertet werden. Für Töne, die selbst unser Ohr nicht mehr wahrnehmen kann, sind die sog. sensitiven Flammen empfindlich. Graf Schaffgotsch (1816—64) hatte 1857 bemerkt, daß die Flamme der 1777 von Bryan Higgins angegebenen chemischen Harmonika durch andere Töne stark beeinflußt wurde. Genauere Untersuchungen unter-

nahm (1867) Tyndall (1820—93) auf Veranlassung seines
Assistenten Barret (g. 1844).

Die vielgestaltige Wellenbewegung, die zum Verständnis
akustischer Phänomene unbedingt bekannt sein muß, bietet
überall da Schwierigkeiten in der Erklärung, wo die nötige
mathematische Schulung fehlt, und hat das Bedürfnis nach
geeigneten Demonstrationsapparaten gezeitigt. Die Gebrüder Weber benutzten die erwähnte Wellenrinne, Johann
Müller (1809—75) die stroboskopische Scheibe (1846).
Wheatstone (1802—75) ersann eine Wellenmaschine, die
1851 durch Fessel verbessert wurde. Ähnliche Apparate
stammen von Mach (g. 1838) 1871, Melde (g. 1832) 1874
und Pfaundler (g. 1839) 1887. Die Zusammensetzung von
Schwingungen demonstrierte Lissajous (1822—80) mit einem
Instrument (1855), das Helmholtz zu seinem Vibrations-
mikroskop abänderte. Lissajous prüfte mit seinem Apparat Normalstimmgabeln, die nach einer Verordnung vom
16. Februar 1859 für Frankreich das Normal-a von 870 (halben)
Schwingungen in der Sekunde geben sollten. Der Vorschlag
zu einer allgemeingültigen Festsetzung stammt wohl von
Scheibler (1834), weil an den einzelnen Opern bezüglich des
Normaltons ganz bedeutende Unterschiede vorhanden waren.
Mit dem Beschluß von 1859 war der Mißstand übrigens nicht
behoben. Erst 1885 wurde durch die internationale Stimm-
tonkonferenz zu Wien als Kammerton a_1 mit 435 ganzen
Schwingungen von allen Ländern angenommen.

Wilhelm Weber (1830) benutzte erstmals das Verfahren, eine Stimmgabel ihre Schwingungen auf einer be-
rußten Glastafel aufschreiben zu lassen. Duhamel (1797
bis 1872) gebrauchte dazu die viel zweckmäßigere berußte
Trommel (1842). Wertheim kehrte (1842) das Verfahren
um, um die Länge eines Zeitraums aus der Zahl der inzwischen
erfolgten Schwingungen einer Stimmgabel zu ermitteln. Diesen Gedanken hat man in der Folgezeit mehrfach aufge-
griffen und zahlreiche Vibrationschronoskope konstruiert.
Wir nennen nur diejenigen von Wheatstone, Werner Siemens (1816—92) 1845, Hipp (1813—93) 1848, Laborde 1860,
Beetz (1822—86) 1868 und besonders das Instrument von
R. König.

Scott ließ (1859) die Schwingungen dünner Häutchen in
seinem Membranophon oder Phonautographen durch einen

kleinen Metallstift auf einem rotierenden Zylinder aufschreiben. König verwendete zum gleichen Zwecke seine manometrischen Flammen (1865), deren Bild er in einem rotierenden Spiegel betrachtete, wie ihn Wheatstone schon 1834 zur Messung der Elektrizitätsgeschwindigkeit benutzt hatte. Dem Instrumente von Scott im Prinzip durchaus ähnlich, jedoch auch zur Wiedergabe von Tönen eingerichtet, ist der allbekannte Phonograph, den Thomas Alva Edison (g. 1847) im Jahre 1877 beschrieb und 1878 erstmals in Europa vorführte. Der Apparat ist mehrfach verbessert und umgestaltet worden (Grammophon von Berliner 1888).

Die Wärmelehre.

Das achtzehnte Jahrhundert kennt, von wenigen vereinzelten Forschern abgesehen, die Wärme nur als einen jedem Körper beigegebenen Stoff. Nimmt seine Quantität zu oder ab, so wird der Körper wärmer oder kälter. Diese Stofftheorie hatte etwas sehr Bestechendes, sie erlaubte allgemeinverständliche elementare Erklärungen aller kalorischen Erscheinungen unter Benutzung bequemer, der Hydromechanik entliehener Ausdrücke. Allerdings führte diese Stofftheorie mit logischer Konsequenz auch auf eine Hauptschwierigkeit, der sie nicht gewachsen sein konnte. War die Wärme wirklich ein Stoff, so durfte in einem thermisch isolierten Körper nicht beständig Wärme neu erzeugt werden, ohne der Umgebung in gleicher Menge entzogen zu werden. Bei dem geringen Interesse, das man zu jenen Zeiten der Physik des täglichen Lebens entgegenzubringen pflegte, übersah man, daß die durch Reiben der kalten Hände im Winter erzeugte Wärme für die Stofftheorie einen Widerspruch lieferte. Einen solchen konnte in ganz besonders anschaulicher Weise Benjamin Thompson (1753—1814) geben. Er war 1783 in die Dienste des bayerischen Kurfürsten Karl Theodor getreten, der ihn in den Reichsgrafenstand erhob und ihm den Titel

Graf von Rumford verlieh, unter dem er am bekanntesten
geworden ist. Wir wollen daher auch diesen Namen gebrauchen. Seine ersten hier anzuführenden Beobachtungen
machte er 1778 anläßlich der Messungen von Geschwindigkeiten der Kanonenkugeln. Er fand nämlich, daß der
Geschützlauf bei einem blinden Schuß sich bedeutend
stärker erhitzte als bei einem scharfen, während man doch
eher das Gegenteil hätte erwarten sollen. Besonders frucht-
bringend waren die systematisch angestellten Versuche,
als er im Militärzeughaus zu München bemerkt hatte, daß
beim Bohren von Kanonen bedeutende Wärmemengen frei
werden, ohne daß sich die Wärmekapazität der Metallspäne
ändert. Da die Erwärmung auch unter Wasser erfolgte
und keinerlei chemische Veränderung zu bemerken war,
mußte Rumford den Grund der Wärmeerzeugung ledig-
lich in der Bewegung des Bohrers erblicken. Davy
modifizierte diesen Versuch (1799), indem er unter dem
Rezipienten einer Luftpumpe bei etwa — 2° C zwei Eis-
stücke durch ein Uhrwerk aneinanderreiben ließ und sie
dadurch zum Schmelzen brachte; das Schmelzwasser zeigte
etwa + 2° C. Es lag ein offenbarer Widerspruch mit der
Stofftheorie vor, denn die spezifische Wärme des Eises
ist kleiner als die des Wassers.

Trotz der außerordentlichen Beweiskraft dieser Experimente ließen die Physiker die alte, liebgewordene
Stofftheorie nicht fallen. Es bedurfte weiterer Gegen-
beweise von anderer Seite. Friedrich Wilhelm Herschel
(1738—1822) hatte bei der Beobachtung der Sonne durch
verschieden gefärbte Gläser nicht stets die gleiche Wärme-
empfindung gehabt, hinter helleren war sie häufig schwächer
als hinter dunkleren. Um Klarheit zu erhalten, untersuchte
er (1800) mit einem Thermometer, dessen Kugel berußt
war, die Temperatur der einzelnen Farben im Sonnen-

spektrum. Sie erwies sich im Rot besonders hoch, ihr Maximum hatte sie jedoch im unsichtbaren Teil jenseits desselben, im Ultrarot. Herschel hatte damit gleichzeitig die Existenz dunkler Wärmestrahlen und einen der beiden unsichtbaren Teile des Sonnenspektrums entdeckt.

Die ersten genaueren Versuche über die Mengen ausgestrahlter Wärme stellte am Anfang des neunzehnten Jahrhunderts John Leslie (1766—1832) an, wobei er das Differentialthermometer und den „Würfel" benutzte, die beide noch heute seinen Namen tragen. Er fand z. B., daß diejenigen Körper am wenigsten Wärme selbst ausstrahlen, die sie am besten zurückwerfen. Dies Resultat entspricht dem von Kirchhoff (1859) gefundenen Gesetze für Absorption und Emission, das Magnus (1802—70) auch auf die Wärmestrahlung ausgedehnt hat. Rumford fand (1804) das erwähnte Ergebnis Leslies bestätigt. Seebeck (1770—1831) lieferte (1818) den Nachweis, daß das Wärmemaximum für ein Prisma aus Crownglas im Rot, für eines aus Flintglas dagegen im Ultrarot liegt. Für solche Untersuchungen bedurfte man besonders empfindlicher Instrumente. Ein solches gab Nobili (1784—1835) in seinem Thermomultiplikator (1830), mit dem Melloni (1798—1854) seit 1831 wichtige Studien über Diathermansie verschiedener Stoffe anstellen konnte. Er zeigte auch die Reflexion und Refraktion. Als es schließlich auch Bérard (1789—1869), Forbes (1809—68), Melloni und Knoblauch (1820—95) gelang, Polarisation und Doppelbrechung der Wärmestrahlen zu einer Zeit nachzuweisen, in der die Undulationstheorie des Lichtes schon gesiegt hatte, konnte man sich der Annahme von Ätherschwingungen auch für die strahlende Wärme nicht mehr entziehen.

Ganz ungemein empfindlich ist das 1880 von Langley erfundene und mehrfach verbesserte Bolometer, mit dem die Wärmestrahlung des Mondes, ja sogar die des Leuchtkäfers Pyrophorus noctilucus gemessen werden konnte, da es erlaubt, noch ein hundertmilliontel Grad Temperaturdifferenz anzuzeigen. Nur kurz erwähnt sei das von Crookes (g. 1832) angegebene (1873) Radiometer („Lichtmühle"), bei dem die Wärmestrahlung auf eine bis jetzt noch nicht einwandsfrei erklärte Weise in Bewegung umgesetzt wird.

Bevor wir zur weiteren Besprechung der Entwicklung der

Wärmetheorie zurückkehren, empfiehlt es sich noch auf die anderen Teile der Kalorik einzugehen. Wir gedenken zuerst des Wärmeleitungsvermögens, das für die einzelnen Substanzen nicht die gleiche Größe hat, wie schon 1784 Ingenhouß (1730—99) an Drähten mit einem Wachsüberzug demonstrierte, deren eines Ende in heißes Öl eintauchte. Fourier (1768 bis 1830) nahm in seiner „Théorie analytique de la chaleur" (1822) das Problem der Wärmeleitung in allgemeine Behandlung und stellte die bezüglichen Gesetze auf. Der Mineraloge Henri de Sénarmont (1808—62) zeigte die verschiedene Wärmeleitung in anisotropen Kristallen durch die bekannten Schmelzfiguren in einem Wachsüberzug (1847). Flüssigkeiten leiten die Wärme nur sehr schlecht, erwärmen sich aber doch leicht vollständig durch Strömung, was wir z. B. praktisch bei der Warmwasserheizung verwerten. Die erste derartige Einrichtung hatte schon 1716 der Schwede Triewald in Newcastle on Tyne für Gewächshäuser benutzt, während die erste Hochdruckwasserheizung (1831) durch den englischen Ingenieur Perkins (1766—1849) erfunden wurde.

Die Strömungen in einer Flüssigkeit entstehen bekanntermaßen durch Veränderungen der Dichte, die ihrerseits eine Folge der Ausdehnung der Flüssigkeiten sind. Mit letzterer hat sich besonders Gay-Lussac (1778—1850) beschäftigt (1816), wurde aber in seinen Resultaten von Dulong (1785 bis 1838) und Petit (1791—1820), die kommunizierende Gefäße zu ihren Messungen verwendeten (1818), bedeutend übertroffen. Gay-Lussac und Dalton hatten um 1801 unabhängig voneinander gefunden, daß sich alle Gase gleichstark durch die Wärme ausdehnen. Regnault zeigte, daß dies nicht in aller Strenge richtig sei, indem er umfassende Messungen mit dem Luftthermometer darüber anstellte. Die Bedeutung dieses Instruments zum Vergleichen anderer Thermometer, sowie zum Messen sehr hoher Temperaturen ist zur Genüge bekannt. Von den thermoelektrischen Apparaten abgesehen, können wir mäßig hohe Wärmegrade auch mit Thermometern messen, die über dem Quecksilber Stickstoff oder Kohlensäure unter ziemlichem Druck enthalten. Die sog. thermische Nachwirkung kann bis auf ein Minimum durch das Jenaer Normalthermometerglas herabgedrückt werden, das seit dem Jahre 1886 durch das bekannte optische Institut von K. Zeiß (1818—88) in Jena verfertigt wird. Zu

Registrierzwecken nimmt man gern Metallthermometer.
Solche wurden im Anfange des 19. Jahrhunderts von den Uhr-
machern Jörgensen in Kopenhagen und Holzmann in Wien,
sowie in bekannterer Form von dem Uhrmacher Breguet
(1748—1823) zu Paris verfertigt.

Bei den vorhin erwähnten Forschungen Regnaults trat
der Unterschied zwischen Gasen und Dämpfen besonders
deutlich auf, da diese ihrem Siedepunkt näher sind als jene.
Daß man auch bei einem Gase von einem Siedepunkt reden
darf, hatte Faraday (1791—1867) im Jahre 1823 gezeigt.
Es gelang ihm nämlich damals, zuerst Chlor und dann noch
andere Gase (Schwefelwasserstoff, Arsenwasserstoff usw.)
durch starken Druck flüssig zu machen. Thilorier, der Erfinder der bekannten Bomben für komprimierte Gase, stellte
zuerst flüssige und feste Kohlensäure her. Natterer (g. 1821)
erreichte dasselbe für Stickstoffoxydul. Merkwürdigerweise
gelang es nur, einige wenige („koerzible") Gase zu verflüssigen,
während andere, die sog. permanenten, sich selbst bei den
stärksten Drucken nicht veränderten. Diese Eigentümlich-
keit wurde verständlich, als Andrews (1813—85) zeigte (1869),
daß ein Gas nicht durch einen bestimmten Druck allein ver-
flüssigt werden kann, sondern daß man hierzu unter einen
jeweils bestimmten Wärmegrad, die kritische Temperatur,
heruntergehen muß. Damit war die einzuschlagende Methode
angezeigt. Im Jahre 1877 gelang es Cailletet (g. 1832) und
Pictet (g. 1846), unabhängig voneinander, durch hohen Druck
und geeignete Abkühlung Sauerstoff, Wasserstoff, Stickstoff,
Kohlenoxyd und Luft flüssig zu machen. Seit 1883 beschäftigten sich von Wroblewski (1845—88) und Karl Olszewski mit flüssigen Gasen. Die praktischen Doppelwand-
gefäße zur Aufbewahrung von solchen erfand James Dewar
(g. 1842) 1890. Im Jahre 1895 gab Professor Karl von Linde
(g. 1842) in München eine Methode zur Verflüssigung von
Gasen an, bei der die Abkühlung bei freier Expansion (d. h.
ohne Arbeitsleistung) benutzt wird. Dadurch ist z. B. die
Herstellung der flüssigen Luft wesentlich verbilligt worden,
was für die Kältetechnik natürlich von hoher Bedeutung ist.
Im Jahre 1898 konnte Dewar auch den flüssigen Wasserstoff
in größeren Mengen und eingehend untersuchen. Indem er
festen Wasserstoff unter der Luftpumpe verdampfen ließ,
gelang es ihm, bis auf 13 Grad an den absoluten Nullpunkt

heranzukommen. Die größte bis jetzt beobachtete Kälte (—271,3°) konnte Olszewski durch Verwendung von festem Wasserstoff und einem Drucke von 180 Atmosphären (1906) feststellen.

Es war der Entwicklung der Wärmelehre sehr förderlich, daß man frühzeitig eingehende Untersuchungen über die Wärmequantitäten anstellte, durch welche man die verschiedenen Substanzen auf eine bestimmte Temperatur bringen kann. Bei solchen Forschungen fanden Dulong und Petit die Veränderlichkeit der spezifischen Wärmen mit der Temperatur und erhielten (1819) die eigentümliche Relation, daß das Produkt aus Atomgewicht und spezifischer Wärme für alle Zahlen den gleichen Wert hat (was aber bekanntlich nur angenähert richtig ist). Dieser Beziehung erstanden viele Widersacher. Den ersten Verteidiger fand sie in der Person des Grafen Avogadro di Quaregna (1776—1856), der 1811 das Gesetz aufgestellt hatte, daß alle Gase bei gleichen Druck- und Temperaturverhältnissen in gleichen Mengen gleichviel Moleküle enthalten. Das Verhältnis der spezifischen Wärmen der Gase bei konstantem Druck und konstantem Volumen wurde zuerst von Gay-Lussac bestimmt. Ein besonders einfaches Verfahren hierfür gaben (1819) Clément († 1841) und sein Schwiegervater Desormes (1777—1862). Dulong ermittelte dieselbe Größe aus der Schallgeschwindigkeit (1829).

Der Begriff der spezifischen Wärme gewann besonders an Interesse, als man daranging, sich über die Grundlagen der Dampfmaschinen Klarheit zu verschaffen. Der Ingenieurkapitän Sadi Carnot (1796—1832) ließ 28 jährig (1824) zu Paris eine Schrift unter dem Titel: „Réflexions sur la puissance motrice du feu" erscheinen, in der betont wird, daß jede thermodynamische Maschine einen Kreisprozeß durchlaufen muß. Die Arbeit wird durch Wärme erzeugt, die aus einem Körper von höherer Temperatur zu einem von niederer Temperatur abfließt, wobei die vorhandene Wärmemenge dieselbe bleibt. Carnot starb schon nach weiteren acht Jahren. Man darf wohl annehmen, daß er bei längerer Lebensdauer die Un-

richtigkeit des letzten Teiles des eben angeführten Satzes
bemerkt haben würde. Erst 10 Jahre nach dem frühen
Tode Carnots konnte über diesen Punkt Klarheit geschaffen werden durch die Untersuchungen des Arztes
Robert Mayer (25. November 1814—20. März 1878)
aus Heilbronn.

Eine scheinbar recht geringfügige Tatsache bildete
den Ausgangspunkt für die Überlegungen, durch welche
Mayer zu dem Satz von der Erhaltung der Energie hin-
geführt wurde. Er hatte als Schiffsarzt auf einem holländischen Ostindienfahrer eine Reise von Rotterdam nach
Java mitgemacht und kurz nach seiner Ankunft in Ba-
tavia (Sommer 1840) bei Aderlässen die Beobachtung
gemacht, daß das venöse Blut viel heller war als in
Europa und sich in der Farbe kaum von dem arteriellen
unterschied. Durch geringe dienstliche Verpflichtungen
hatte Mayer Muße, den Gründen dieser Erscheinung nach-
zuforschen. Es war vor allem die Verbrennungstheorie
von Lavoisier (1743—94), die seine Gedanken schließlich zu dem Prinzip der Äquivalenz von Wärme und
Arbeit hinüberleitete. Am 16. Juni 1841 legte er eine
Abhandlung über diesen Gegenstand mit dem Titel „Über
quantitative und qualitative Bestimmung der Kräfte" dem
Herausgeber der bekannten Annalen der Physik und
Chemie Johann Christian Poggendorff (1796—1877)
vor, der sie jedoch ablehnte. Sie fand erst in den „Annalen der Chemie und Pharmazie" von Liebig Aufnahme
und erschien im Maiheft 1842 als „Bemerkungen über
die Kräfte der unbelebten Natur". Der schlechtgewählte
Titel — das war überhaupt Mayers Schwäche — ver-
schaffte der Abhandlung nur geringe Beachtung. Sie enthält die erste, allerdings nicht genaue numerische Berechnung des mechanischen Wärmeäquivalents. Mayer findet

nämlich, daß „dem Herabsinken eines Gewichtsteils aus einer Höhe von etwa 365 Metern die Erwärmung eines gleichen Gewichtsteils Wasser von 0^0 auf 1^0 entspricht".

Mayers Berechnung mußte ungenau sein, da die einzelnen physikalischen Konstanten, z. B. die spezifischen Wärmen noch nicht genau genug bestimmt waren. Dies geschah erst in den Jahren 1847—62 durch Regnault.

Wenn wir im folgenden den Gang von Mayers Rechnung darlegen, verwenden wir natürlich nicht seine, sondern neue Werte. Mayer denkt sich 1 Liter Luft bei 0^0 und 760 mm Quecksilberdruck in ein zylindrisches Gefäß von 1 qdm Querschnitt eingeschlossen. Das Gefäß besitzt einen luftdicht schließenden Kolben, auf dem pro Quadratzentimeter ein Druck von 1033 g, d. h. ein Gesamtluftdruck von 103,3 kg lastet. Erwärmen wir nun die Luft, deren Gewicht 0,001293 kg beträgt, um 1^0, so dehnt sich das Luftvolum um $\frac{1}{273}$ aus. Dadurch verschiebt sich der Kolben um $\frac{1}{273}$ dm $= \frac{1}{2730}$ m.

Die geleistete Arbeit ist $103,3 \cdot \frac{1}{2730}$ mkg $= \dfrac{103,3}{2730}$ mkg. Die verbrauchte Wärmemenge ist offenbar — wenn die spezifische Wärme bei konstantem Druck bzw. Volumen 0,2377 bzw. 0,1686 ist — $0,001293 \cdot (0,2377{-}0,1686)$ in Kalorien ausgedrückt. Sie entspricht der Arbeit von $\dfrac{103,3}{2730}$ mkg.

Das Arbeitsäquivalent der Wärmeeinheit ist demnach $$\dfrac{103,3}{2730 \cdot 0,001293 \cdot (0,2377 - 0,1686)}$$ mgk, also 423,5 mkg.

Die erste experimentelle Bestimmung des mechanischen Wärmeäquivalents unternahm James Prescott Joule (1818—89), Bierbrauer zu Salford bei Manchester, worüber er am 21. August 1843 der British Association berichtete. Im Jahre 1845 ließ Robert Mayer zu Heilbronn seine Hauptarbeit unter dem Titel: „Die organische Bewegung in ihrem Zusammenhang mit dem Stoffwechsel" erscheinen. In der Einleitung findet sich der Satz: „Es gibt in Wahrheit nur eine einzige Kraft. In

ewigem Wechsel kreist dieselbe in der toten, wie in der
lebenden Natur. Dort und hier kein Vorgang ohne Form-
veränderung der Kraft." Mayer pflegt unter „Kraft" meist
das zu verstehen, was wir mit unserer heutigen schär-
feren Terminologie als „Energie" bezeichnen. In der genannten Schrift zeigt Mayer, daß der Aufwand eines mechanischen Effekts die Erzeugung eines mechanischen,
thermischen, magnetischen, elektrischen oder chemischen
Effekts bedingt.

An Mayers Entdeckung hat sich ein ganz unerquicklicher
Prioritätsstreit angeknüpft, auf den wir jedoch nicht einzugehen brauchen, da man ihn heute doch als zugunsten unseres schwäbischen Landsmannes entschieden ansieht. Die
Rivalen waren der Däne Ludwig August Colding (1815—88),
der schon erwähnte Engländer Joule, sowie Hermann von
Helmholtz. Ersterer kam 1843 durch philosophische Speku-
lationen zu dem Gesetz von der Erhaltung der Energie, Joule
durch Untersuchung der Wärmewirkung des elektrischen
Stromes und endlich Helmholtz (1847) durch die Negierung
des Perpetuum mobile. Das wirkliche Verdienst des lang
verkannten und unglücklichen Heilbronner Arztes wurde erst
1862 in das richtige Licht gesetzt und zwar durch einen Vor-
trag, den John Tyndall anläßlich der Weltausstellung zu
London hielt. Trotzdem gibt es heute noch eine ganze Reihe
von deutschen Lehrbüchern der Physik, in denen der
Name des Deutschen Robert Mayer beim Satz von der Erhaltung der Energie vollständig, dagegen der Name des Engländers Joule nicht fehlt. Diesem verdanken wir vor allem
zahlreiche Messungen des Wärmeäquivalents. In seiner
Hauptabhandlung von 1850 gibt er als Mittel aus seinen Versuchen an, daß eine Wärmeeinheit 424 Kilogrammetern äqui-
valent ist.

Auf die zuerst durch Carnot behandelten Fragen der
Thermodynamik griff Clausius seit 1850 zurück und schuf
mit seinen „2 Hauptsätzen" die eigentliche Grundlage für
das Gebäude der mechanischen Wärmetheorie[1]), die für
feste und flüssige Körper noch große Schwierigkeiten in sich

---

[1]) Näheres darüber Nr. 77 und 242 der Sammlung Göschen.

birgt. Für die Gase wurde sie passend durch die kinetische Gastheorie vervollständigt. Als deren Urheber darf man den Gymnasiallehrer August Krönig (1822—79) ansehen, der 1856 die Grundzüge dieser Theorie klarlegte, die noch durch Clausius, Maxwell (1831—79) u. a. bedeutend gefördert wurde.

Für die Theorie der Dampfmaschine wurden die neuen thermodynamischen Betrachtungen zuerst durch Zeuner (g. 1828) nutzbringend verwendet (1855) und vor allem durch William Rankine (1820—72) entsprechend vervollkommnet (1859). Auf die Entwicklung der eigentlichen Dampfmaschine im 19. Jahrhundert brauchen wir nicht einzugehen; es handelt sich dabei vor allem um technische Verbesserungen, wie sie durch die mannigfachen Verwendungsarten erforderlich wurden. Wir nennen nur die 1801 von Oliver Evans konstruierte Hochdruckmaschine. Neuerdings kommt man in der Dampfmaschinentechnik wieder auf die Reaktionskugel des Heron zurück. 1886 baute nämlich Charles Parsons in Newcastle on Tyne eine brauchbare Reaktionsdampfturbine, während im folgenden Jahre Gustave de Laval eine Aktionsdampfturbine erfand, bei der der Dampf aus mehreren Öffnungen gegen das Laufrad drückt. Die Dampfturbine wird jedenfalls, da sich die Maschinentechniker eifrig mit ihr beschäftigen, der Kolbenmaschine noch tüchtig Konkurrenz machen, besonders für den Antrieb von Dynamos und zur Bewegung von Schiffen.

Das erste dauernd brauchbare Dampfschiff baute der Amerikaner Robert Fulton (1763—1815) im Jahre 1807. Man hielt zunächst sehr wenig von der Erfindung. Napoleon I. z. B. bezeichnete Fulton als einen Narren, da er ihm vorgeschlagen habe, seine Flotte durch kochendes Wasser nach England hinüberzufahren. Fultons Schiff „Clermont" hatte seitlich angebrachte Ruderräder, deren Schaufeln in der Speichenrichtung standen. Der Schotte Buchanan richtete sie 1813 so ein, daß sie stets senkrecht hingen und auch so in das Wasser eintauchten. Es bedarf hier keiner Auseinandersetzung über den Vorteil der Schiffsschraube, wie sie zuerst (1826) der Österreicher Ressel und dann (1836) in vervollkommneter Form Francis Smith bei seinem Dampfer „Archimedes" verwendete. Für den Bau der Kriegsschiffe wurde besonders der Kriegsdampfer „Princeton" vorbildlich,

welchen 1843 der schwedisch-amerikanische Ingenieur John
Ericsson (1803—89), der Miterfinder der Dampffeuerspritze
(1830), verfertigte.

Die ersten Lokomotiven benutzte man nur zur Beför-
derung von Lasten (1804, Trevithick). Über die Verwendung
glatter Schienen war man nicht völlig im klaren; man hielt
die Adhäsion der Räder für zu gering und benutzte z. B.
Zahnrad und Zahnstange (1811, Blenkinsop), wie bei unseren
Bergbahnen. Im Jahre 1814 wies aber George Stephenson
(1781—1841) nach, daß dies bei mäßigen Steigungen und nicht
zu großen Lasten gar nicht nötig sei, daß man mit glatten
Schienen völlig ausreiche. Am 29. September 1825 ließ er
auf der Linie Stockton—Darlington den ersten Personenzug
fahren, der in einer Stunde 10 Kilometer zurücklegte. Die
Liverpool—Manchesterbahn eröffnete am 25. April 1829 eine
Konkurrenz für Lokomotiven, die mindestens ihr dreifaches
Gewicht mit einer Geschwindigkeit von 16 Kilometern in
einer Stunde fortbewegen könnten. Stephenson erhielt den
Preis von 250 Pfund Sterling mit seiner Maschine „Rocket",
die bei einer Geschwindigkeit von 31 Kilometern in der Stunde
ihr fünffaches Gewicht fortziehen konnte. Am 7. Dezember
1835 wurde die erste Eisenbahn Deutschlands zwischen Nürnberg und Fürth eröffnet. Die von Stephenson gebaute Lokomotive „Adler" wechselte dabei zunächst noch mit Pferden
(!) ab. Es ist ein köstlicher Genuß, aus Zeitungen jener Tage
die Bedenken zu vernehmen, die man gegen die Eisenbahn
vorbrachte. Der Anblick des fahrenden Zuges sollte Wahn-
sinn, der entstehende Luftzug sogar den Tod bringen. Den
Gastwirten an den nun wohl vereinsamenden Landstraßen
schien der Ruin unausbleiblich. Als keine der Befürchtungen
zutraf, man vielmehr die bedeutenden Vorteile des neuen
Verkehrsmittels einsah, nahm man schließlich jedes auf-
tauchende Eisenbahnprojekt mit heller Begeisterung auf.

Ein besonders für kleinere Betriebe zweckmäßiger Ersatz
der Dampfmaschine ist der Gasmotor. Die höchst primitive
Form, die ihm Barber (1791) geben wollte — das entzündete
Gas sollte ein Schaufelrad treiben —, war natürlich unbrauchbar. 1801 nahm Lebon ein Patent auf eine doppeltwirkende
Zylindermaschine, bei der ein Gemisch von Gas und Luft
elektrisch entzündet wird, während der atmosphärische Gasmotor von Samuel Brown (1823) eine besondere Zündflamme

besitzt. Barnett (1838) verdichtete das Gasgemisch vor der Einführung in den Zylinder. Lenoir, der am 24. Januar 1860 ein Patent auf einen praktischen doppeltwirkenden Gasmotor erhalten hatte, betrieb nun deren Verfertigung fabrikmäßig. Von der direkten Explosionswirkung gingen Nikolaus Otto und Eugen Langen bei ihrem Gasmotor ab (1867). Der zweckmäßige Viertaktprozeß wurde schon 1862 durch Beau de Rochas vorgeschlagen, kam aber erst 1878 bei der Maschine von Otto zur Verwendung. Als bequemes Bewegungsmittel von Wagen und Booten ersann (1885) Daimler in Cannstatt seinen rühmlichst bekannten Benzin- bzw. Petroleummotor. Das erste deutsche Patent für ein Benzinautomobil erhielt C. Benz am 29. Januar 1886. Der Luftreifen (Pneumatik) stammt von dem Zahnarzte J. B. Dunlop in Dublin (1890).

Die Optik.

Im achtzehnten Jahrhundert war nur durch Leonhard Euler die Stimme gegen die Emanationstheorie erhoben worden, ohne daß man jedoch in der nächsten Zeit der Frage nach dem wahren Wesen des Lichts näher trat. Die bis dahin bekannten optischen Erscheinungen ließen sich aus den Anschauungen Newtons heraus leidlich genug erklären. Erst das neunzehnte Jahrhundert vermittelte die Kenntnis mit einer ganz neuen Klasse noch nie zuvor beobachteter Phänomene, die einer Erklärungsweise im Sinne der newtonianischen Theorie direkt widersprachen und so nach und nach der Undulationslehre zum Siege verhalfen.

An der Schwelle des 19. Jahrhunderts sehen wir der Lehre von Huygens einen eifrigen Verteidiger in der Person des genialen Arztes Thomas Young (1773 bis 1829) erstehen. Dieser erhob gegen die Emanationstheorie zwei schwerwiegende Einwände: „Wie läßt sich erklären, daß alle leuchtenden Körper die Lichtteilchen mit der gleichen Geschwindigkeit aussenden?" und „Warum wird beim Auftreffen stets ein Teil des Lichts zurückgeworfen, und ein anderer gebrochen?" Die Un-

dulationstheorie konnte für beide Fragen befriedigende
Antworten geben. Die von ihm entdeckte und klar behandelte Interferenz der Wellenbewegungen lieferte ihm
auf Grund der Undulationstheorie eine ungezwungene
Erklärung (1802) der Farben dünner Blättchen.

Youngs Untersuchungen wurden so gut wie gar nicht beachtet, da sie den 1808 durch Malus entdeckten Polarisations-
phänomenen nicht gewachsen erschienen. Veranlaßt durch
eine Preisfrage der Pariser Akademie, schaute Malus (1775
bis 1812) eines Abends durch einen Kalkspatkristall nach
den im Lichte der untergehenden Sonne glostenden Fenstern
des Palais Luxembourg, sah aber bei einer bestimmten Kri-
stallstellung nur ein Bild. Bei Versuchen mit von Wasser
oder Glas reflektiertem Kerzenlicht fand er dies bestätigt.
Zur Erklärung nahm Malus für die Lichtteilchen Pole, wie
bei einem Magneten, an und nannte die Erscheinung „Polarisation des Lichts". Arago (1786—1853) fand 1811 die sog.
chromatische Polarisation an sehr dünnen Glimmerblättchen.
Die weitere Untersuchung führte Brewster (1781—1868)
zu der Auffindung der sog. isochromatischen Kurven in
Kristallen (1813). Zu solchen Forschungen empfahl Biot
(1774—1862) die Benutzung zweier Turmalinplatten („Tur-
malinzange"), da er bemerkt hatte, daß solche von einer gewissen Dicke den ordinären Strahl absorbieren. Alle diese
Erscheinungen konnten mit der Emanationstheorie ebensowenig erklärt werden, wie die (1811) von Arago am Berg-
kristall und nachher auch von Biot für Flüssigkeiten konstatierte Drehung der Polarisationsebene.

Von größter Bedeutung für die Weiterentwicklung der
Optik waren die Arbeiten von Fresnel (1788—1827), der
als Verfechter der Undulationstheorie das Prinzip von Huygens geschickt mit dem Interferenzbegriff verknüpfte und
damit (1815) die Beugung des Lichts einfach erklären konnte.
Fresnel und Arago konnten in ihren gemeinsamen Untersuchungen während der Jahre 1816—19 die Bedingungen
der Interferenz der polarisierten Lichtstrahlen feststellen.
Aus ihrem zweiten Satz: „Zwei rechtwinklig polarisierte
Strahlen können unter keinen Umständen interferieren" zog
Young (1817) die logische Folgerung, daß dann die Undula-
tionen unmöglich longitudinale, sondern nur transversale

sein können. Damit boten sich die einfachsten Erklärungen
der Polarisationsphänomene. Die Gesetze der Doppelbrechung
erläuterte Fresnel mit der durch ein dreiachsiges Ellipsoid dar-
gestellten Wellenfläche (1821). Die Entdeckung der ellip-
tischen und zirkularen Polarisation lieferte ihm ungezwungen
die Erklärung für die Rotationspolarisation.

Gleichzeitig mit den eben besprochenen Studien wurden
auch Forschungen über das Spektrum angestellt, deren eigentliche hohe Bedeutung sich erst in späteren Jahrzehnten offen-
barte. Wollaston (1766—1828) hatte 1802 im Sonnenspektrum schwarze Linien bemerkt und die Spektren glühen-
der Körper als nicht kontinuierlich erkannt. Offenbar unabhängig fand 1814 der Optiker Fraunhofer (1787—1826),
dem wir die ersten Messungen der Brechungsexponenten von
Flüssigkeiten und festen Körpern verdanken, dieselben dunkeln Linien, die noch heute seinen Namen tragen. Er zählte
deren über 500 und bezeichnete deren wichtigste mit Buchstaben. Er erkannte ferner, daß jeder Linie eine ganz bestimmte
Brechbarkeit entspricht, und fand diese z. B. für die D-Linie
des Sonnenspektrums gerade so groß, wie für die gelbe Linie
einer durch Kochsalz gefärbten Alkoholflamme. Fraunhofer
beobachtete (1822) die Linien auch an Spektren, die mittels
der von ihm zuerst hergestellten Beugungsgitter entstanden.
Er war von der Wahrheit der Undulationstheorie fest überzeugt und maß sogar zuerst Wellenlängen, wobei sich zeigte,
daß Wellen größerer Länge geringere Brechbarkeit besitzen.
Wir erwähnen hier den Vorschlag (1829) von Babinet (1794
bis 1872), eine bestimmte Wellenlänge als Normalmaß zu
benutzen, was jedoch nicht in Gebrauch kam.

Das Problem der Dispersion bot der Undulationstheorie
große Schwierigkeiten. Es gelang aber doch Cauchy (1789
bis 1857), auch hier überzeugende Erklärungen sowie eine
„Dispersionsformel" aufzustellen (1836), die die Abhängig-
keit zwischen Wellenlänge und Brechungsverhältnis angibt.
Nach ihr müssen längere, also rote Wellen schwächer als kür-
zere gebrochen werden. Daß dies aber nicht immer zutrifft,
konnte Le Roux nachweisen. Er beobachtete 1862 dies zuerst an Joddampf. Diese Erscheinung, die sog. anomale
Dispersion, bestätigte Christiansen (g. 1843) auch für
Fuchsinlösung (1871). Kundt untersuchte sie noch für eine
Reihe von Substanzen.

Arago hatte schon 1838 den Vorschlag gemacht, mittels gemessener Lichtgeschwindigkeiten experimentell zwischen den beiden Lichttheorien zu entscheiden, und hatte dafür die Verwendung rotierender Spiegel empfohlen. Sind l bzw. w die Geschwindigkeiten des Lichts in Luft bzw. Wasser, so verlangt die Emanationstheorie das Verhältnis

$$l : w = 3 : 4 \,,$$

die Undulationstheorie aber

$$l : w = 4 : 3 \,.$$

Im Jahre 1850 stellte Foucault Messungen von l und w nach Aragos Plan an und wies damit die Richtigkeit der zweiten Proportion und zugleich die Undulationstheorie als alleingültig nach. 1862 konnte Foucault sein Verfahren so abändern, daß es auch die Messung der absoluten Lichtgeschwindigkeit in einem Zimmer ermöglichte, während das bekannte dem gleichen Zwecke dienende Verfahren von Fizeau (g. 1819) eine Wegstrecke von fast 9000 Metern benötigt hatte (1849).

In der Folgezeit ist die Geschwindigkeit des Lichtes noch mehrfach gemessen worden, z. B. 1873 durch Cornu (1841 bis 1902), 1878 durch Michelson (g. 1852) und 1881 durch J. Young (1811—83).

Einen großen Raum in der Geschichte der neueren Optik umfassen die Spektraluntersuchungen, über die wir jedoch nur kurz berichten dürfen. Talbot (1800—77) und John Herschel (1792—1871) wiesen (1826) zuerst darauf hin, daß den einzelnen Stoffen bestimmte Linien im Spektrum entsprechen, und daß man aus diesen auf die Existenz jener schließen dürfe. Ohne auf die weiteren bezüglichen Arbeiten von Miller (1817—70) 1845, Swan (g. 1818) 1855 und Ångström (1801—68) weiter einzugehen, führen wir an, daß Plücker (1801—68) mit Geißlerschen Röhren den Nachweis lieferte, daß man aus dem Spektrum eines Gases mit voller Bestimmtheit auf seine Natur schließen kann. Eine

ungeheure Fülle von neuen Tatsachen, geradezu eine besondere naturwissenschaftliche Disziplin von ungeahnter
Tragweite eröffnete sich durch die großartigen Entdeckungen
von Kirchhoff (1824—87) und Bunsen (1811—99), durch
die der wahre Zusammenhang zwischen hellen und dunkeln
Spektrallinien klar erkannt wurde. Die bedeutendsten Entdeckungen oder Erfindungen wurden der Welt zumeist in
der schlichtesten Form bekannt gemacht. So auch hier. Auf
nur 2 Oktavseiten im Oktoberheft (1859) der Akademie der
Wissenschaften zu Berlin erstattete Kirchhoff Bericht über
die gemeinsame Arbeit unter dem anspruchslosen Titel:
,,Über die Fraunhoferschen Linien''. Beide Forscher hatten
gefunden, daß ,,farbige Flammen, in deren Spektrum helle,
scharfe Linien vorkommen, Strahlen von der Farbe dieser
Linien, wenn dieselben durch sie hindurchgehen, so schwächen,
daß an Stelle der hellen Linien dunkle auftreten, sobald hinter der Flamme eine Lichtquelle von hinreichender Intensität
angebracht wird, in deren Spektrum die Linien sonst fehlen'',
ferner, daß ,,die dunkeln Linien des Sonnenspektrums, welche
nicht durch die Erdatmosphäre hervorgerufen werden, durch
die Anwesenheit derjenigen Stoffe in der glühenden Sonnen-
atmosphäre entstehen, welche in dem Spektrum einer Flamme
helle Linien an demselben Orte erzeugen''.

Schon im Dezember 1859 konnte Kirchhoff über die wahre
Entstehungsursache der Fraunhoferschen Linien berichten.
Er hatte gefunden, daß ,,für Strahlen derselben Wellenlänge
bei derselben Temperatur das Verhältnis des Emissionsver-
mögens zum Absorptionsvermögen bei allen Körpern dasselbe ist''. Die ausführlichere Begründung seines Gesetzes
gab Kirchhoff im Jahre 1861.

Im April 1860 entdeckten Kirchhoff und Bunsen auf dem
Wege der Spektralanalyse ein viertes Metall der Alkaligruppe,
das Cäsium. 1861 fanden Bunsen das Rubidium und W.
Crookes (g. 1832) das Thallium, 1862 Reich und Richter
(1823—69) das Indium.

Die Spektralarbeiten wurden mehrfach aufgenommen.
Plücker und Hittorf (g. 1824) fanden, daß je nach der
Temperatur verschiedene Spektren (erster und zweiter Ord-
nung) von demselben Stoff erzeugt werden können. Wüllner (g. 1835) wies außer diesen beiden — er nannte sie Ban-
den- und Linienspektren — noch eine dritte Art nach (1866).

Im Jahre 1868 gelang es ihm, die Spektren von Wasserstoff, Sauerstoff und Stickstoff durch Druckvariationen in Geißlerschen Röhren zu verändern. Ångström trat ihm noch im gleichen Jahre entgegen, ohne jedoch Sieger zu bleiben. Wüllner fand besonders Unterstützung durch die Ergebnisse der Arbeiten (1871) von Zöllner (1834—82).

Sehr interessant sind die Folgerungen, die man für die Spektrallinien aus dem „Dopplerschen Prinzip" ziehen kann. Im Jahre 1842 veröffentlichte der Mathematikprofessor Doppler (1803—53) in Schemnitz eine Schrift: „Über das farbige Licht der Doppelsterne", in der er betonte, daß ein selbstleuchtender Körper uns in einer Farbe größerer oder kleinerer Brechbarkeit erscheinen muß, wenn sein Abstand von uns ab- oder zunimmt. Buys-Ballot (1817—91) bestätigte 1845 das akustische Analogon dieses Prinzips. Fizeau machte 1848 darauf aufmerksam, daß demnach für einen seine Entfernung von uns ändernden Fixstern eine Verschiebung der Spektrallinien müsse beobachtet werden können. Der Astronom Huggins (g. 1824) konnte tatsächlich 1868 aus einer Verschiebung der Wasserstofflinie F im Spektrum des Sirius auf eine zunehmende Entfernung desselben schließen[1].

Ohne uns auf die Entwicklung des Spektralapparats weiter einzulassen, erwähnen wir, daß die geradsichtigen Spektroskope, mit denen man Lichtquellen in Bewegung (Meteore, Blitze usw.) gut beobachten kann, auf Amici (1786 bis 1863) zurückgehen (1860).

Die Untersuchung der unsichtbaren Teile eines Spektrums erfordert genauere Kenntnis der Fluoreszenz und Phosphoreszenz. Der schon früher von uns erwähnten Fluoreszenzerscheinung an nephritischem Holze fügte Goethe in seinen „Nachträgen zur Farbenlehre" diejenige an Roßkastanienrinde hinzu. Brewster entdeckte 1833 ähnliches am Chlorophyll und 1838 am Flußspat, John Herschel 1845 am schwefelsauren Chinin. Stokes (1819—1903), der auch den Namen „Fluoreszenz" gab, suchte (1852 ff.) tiefer in das Wesen dieser rätselhaften Erscheinung einzudringen Seine Theorie wurde aber durch die von Lommel seit 1862 verfochtene überholt.

Untersuchungen (1845) von P. Rieß (1805—83) und J. W. Draper (1811—82) bereiteten auf das epochemachende Werk über Phosphoreszenz vor, das Edmond Becquerel

---

[1] Vgl. Sammlung Göschen Nr. 11, S. 155.

(1820—91) 1867 veröffentlichte. Er konnte mit seinem Phosphoroskop (1859) den Nachweis liefern, daß viele Körper „Lichtträger" sind und daß besonders fluoreszierende Stoffe phosphoreszieren.

Eine wichtige Anwendung der chemischen Wirkungen des Lichts bietet uns die Photographie. Das lästige und zeitraubende Abzeichnen von Naturobjekten hatte man vorher durch allerlei Apparate zu erleichtern gesucht. Neben der Camera obscura nennen wir die 1809 von Wollaston (1766 bis 1828), dem Erfinder des Reflexionsgoniometers, angegebene Camera lucida.

Der Professor Schulze in Halle (1687—1744) ist bei seinen Arbeiten mit dem „Balduinschen Phosphor" 1727 der Erfinder der Photographie geworden. Es gelang ihm, mit ausgeschnittenen Metallschablonen lichtunbeständige Bilder in Chlorsilber zu erhalten. Charles, der Erfinder des Wasserstoffballons, stellte zuerst in der Camera Silhouetten auf Chlorsilberpapier her. Ähnliches versuchten auch der Porzellanfabrikant Wedgewood (1730—95) sowie Davy. Die Lichtbeständigkeit solcher Bilder erzielte erst Nicéphore Nièpce (1765—1833) durch Fixation nach einem äußerst umständlichen Verfahren (1814), das durch die von John Herschel eingeführte Verwendung des unterschwefligsauren Natrons (1820) endgültig verdrängt wurde.

Das erste wirklich brauchbare Verfahren der Lichtbildnerei stammt von dem Erfinder (1822) des Dioramas, dem Maler Daguerre (1789—1851) zu Paris. Er benutzte Jodsilber auf einer Silberplatte, die in die Camera gebracht und dort belichtet wurde. Er behandelte sie hierauf mit Dämpfen von Quecksilber, das sich an den durch das Licht zersetzten Stellen niederschlug. Das nicht veränderte Jodsilber wurde alsdann mit unterschwefligsaurem Natron entfernt. Die so entstandene „Daguerrotypie" war ein positives, aber seitenverkehrtes Bild. Diesen Übelstand wußte W. H. Fox Talbot (1800—77) geschickt zu vermeiden. Er benutzte Papier mit einer Bromsilberschicht, das in der Camera belichtet wurde. Das Bild, mit Gallussäure hervorgerufen und fixiert, erschien negativ; man konnte von ihm durch Kopieren auf Bromsilberpapier beliebig viele „Positive" herstellen. Talbot nannte seine Kunst Photogenie oder Photographie, während in seiner englischen Heimat der Name „Talbotypie" gebräuch-

licher war. Claude Nièpce de St. Victor (1805—70), der
Neffe des früher erwähnten, photographierte (1848) auf Glas-
platten, die mit silbersalzhaltigem Eiweiß bedeckt waren,
während Fry und Archer 1851 silbersalzhaltiges Kollodium
benutzten. Seit den Versuchen (1871) von Maddox mit
Bromsilbergelatineemulsionen wurde jedoch dieses unbe-
queme „nasse Kollodiumverfahren" durch den Gebrauch der
viel praktischeren Trockenplatte nach und nach verdrängt.
Überall, wo man auf Ersparnis an Platz und Gewicht oder
auf rasche Wechselung bedacht sein muß, sind die von dem
französischen Photographen Frédéric Lumière (1890) erfundenen Films besonders zweckmäßig.

Die letzten Jahrzehnte haben die Photographie ungemein gefördert. Die Herstellung hochempfindlicher Platten
begünstigte die 1880 von dem Amerikaner Muybridge erfundene Momentphotographie. Selbst bei ungünstigem Lichte
können leicht Aufnahmen gemacht werden seit der Verwendung des 1808 von Davy entdeckten Magnesiums durch
Crookes (1859), das seit 1888 nach dem Vorgange von Miethe
und Gädicke auch für Blitzlicht gebraucht wird. Der störende
Übelstand, daß nicht alle Farben sich photographisch durch
passende Helligkeitsunterschiede charakterisieren, gab 1873
für H. W. Vogel (g. 1834) den Anlaß zur Herstellung isochro-
matischer Platten. Das Problem der Photographie in natürlichen Farben ist noch ungelöst, wenn wir von einer Aus-
nahme absehen. Nachdem nämlich Wiener (g. 1862) die Bildung stehender Lichtwellen bei der Reflexion bewiesen hatte
(1890), gelang es im Januar 1891 Gabriel Lippmann (g. 1845),
das Sonnenspektrum farbig zu photographieren. Was man
als sog. farbige Photographien zu kaufen pflegt, ist meist
nach dem 1891 von Vogel ausgedachten photomechanischen
Dreifarbendruckverfahren hergestellt, das auf dem 1861 durch
Maxwell ersonnenen „additiven Dreifarbenverfahren" basiert.

Von den zahllosen Anwendungsmöglichkeiten der Photographie heben wir nur eine der vielen astronomischen hervor.
Auf einer Platte, die der Bewegung des Sternenhimmels folgt,
verzeichnen sich nämlich Fixsterne als Punkte, Asteroiden
aber als kleine Striche, so daß man auf diese Weise nach dem
Vorgange (seit 1891) von M. Wolf (g. 1863) in Heidelberg
Himmelskörper photographisch entdecken kann[1]).

---

[1]) Vgl. hierzu Sammlung Göschen Nr. 11, S. 93.

Die Entdeckung der Photographie mußte anregend auf
Untersuchungen über die chemische Aktion der Lichtstrahlen
wirken. Wir nennen nur die klassischen Forschungen seit
1855 von Bunsen und Roscoe (g. 1833), die nach dem Vorgang (1843) von Draper dabei ein Gemisch von Chlor und
Wasserstoff benutzten. Bei einer dieser Arbeiten beschreibt
Bunsen (1857) auch seinen berühmten Leuchtgasbrenner,
der die Vorzüge aller Apparate dieses großen Chemikers hat,
große Verwendbarkeit und verblüffende Einfachheit. Man
denke nur an das bekannte Fettfleckphotometer (1843). Von
anderen demselben Zweck dienenden Vorrichtungen nennen
wir diejenige des Grafen Rumford von 1813 und diejenige
von Ritchie († 1837) von 1829. Die anderen gebräuchlichen
Apparate zur Vergleichung von Lichtstärken sind meist
komplizierter gebaut, so die Polarisationsphotometer von
H. Wild (1833—1902) 1865, und Zöllner 1879 und das Selen-
photometer von W. Siemens 1875.

Die von Violle (1884) vorgeschlagene Lichtstärkenein-
heit war unzweckmäßig, während die „Hefnerkerze" — be-
nannt nach dem Elektrotechniker F. von Hefner-Alteneck
(g. 1845) — sich seit ihrer allgemeinen Einführung (1897)
gut bewährt.

Über die Entwicklung der physiologischen Optik dürfen
wir uns sehr kurz fassen. Seebeck stellte (1837) Untersuchungen über Farbenblindheit an, Plateau und Arago (1839) über
Irradiation. Als Gegenstück zu seinem akustischen Werke
ist die „Physiologische Optik" (1856) von Helmholtz zu
nennen, wobei er von den Studien Goethes über die physiologischen (= subjektiven) Farben ausging. Die Resultate
des wegen seiner Farbenlehre vielgeschmähten Goethe
konnten, soweit sie die Farben trüber Medien betreffen, von
Brücke (1819—92) bestätigt werden. Über das Innere des
Auges wurden wir durch die Erfindung des Augenspiegels
(1851) durch Helmholtz eingehend unterrichtet.

Die Verschiedenheit der Bilder eines geschauten Gegen-
standes in den beiden Augen — schon von Leonardo da Vinci
erwähnt — demonstrierte Wheatstone (1802—75) mit seinem Spiegelstereoskop (1838). Um den körperlichen Eindruck bei Bildern besser zu erzielen, benutzt man lieber das
Linsenstereoskop (1849) von Brewster (1781—1868), dem
Urheber des bekannten Kaleidoskops (1817).

Der Professor Simon Stampfer zu Wien (1792—1864) gab 1834 seine stroboskopischen Scheiben an, deren Idee übrigens von Plateau (1833) stammt. Von den zahllosen auf dem gleichen Prinzip beruhenden Apparaten der verschiedensten Konstruktion erwähnen wir das 1834 von Horner beschriebene Lebensrad, den Schnellseher von Anschütz und den besonders populären Kinematographen von Edison (g. 1847) oder Lumière.

An Instrumenten für die reine wissenschaftliche oder angewandte Optik ist das neunzehnte Jahrhundert sehr reich. Die Grundlagen für deren Herstellung bis zur höchsten Vervollkommnung können wir hier nicht historisch entwickeln, sie führen in der Hauptsache auf die „dioptrischen Untersuchungen" (1838) von Gauß (1777—1855) zurück. Als ein ganz besonders vervollkommnetes Instrument darf man das Mikroskop betrachten, durch welches das neunzehnte Jahrhundert äußerst wichtige Untersuchungen auf den Gebieten der Zoologie, Botanik, Physiologie, Medizin, Hygiene, Mineralogie usw. verzeichnen kann. Nach dem Vorschlage von Amici suchte man die Vergrößerungskraft durch Immersionssysteme zu erhöhen, bei denen Wasser, Öl oder Glyzerin zwischen Objektiv und Deckglas gebracht wird. Im Jahre 1874 machte Abbe (1840—1905) darauf aufmerksam, daß durch die Beugung der Lichtstrahlen der vergrößernden Kraft der Mikroskope eine selbst durch höchste optische Vollendung unüberschreitbare Grenze gesetzt ist. Im gleichen Jahre behandelte Helmholtz dasselbe Problem auch theoretisch. Er zeigte, daß man im allergünstigsten Falle nur noch $\frac{1}{10000}$ mm unterscheiden kann. Man hat dies auch durch Untersuchung von Glasgittern bestätigen können, wie sie besonders der Optiker Nobert (1806—81) in Greifswald 1846 herstellte. Im Jahre 1903 gelang es Siedentopf und Zsigmondy, durch Benutzung der Beugung „ultramikroskopische Teilchen", bei denen der Durchmesser nur 0,000005 mm beträgt, wahrnehmbar, aber nicht mehr erkennbar zu machen. Man muß leider bei diesem sehr sinnreichen Verfahren darauf verzichten, etwas über die Gestalt jener winzigen Teilchen zu erfahren.

Das für den Mineralogen wichtige Polarisationsmikroskop mit konvergentem Lichte geht im Prinzip auf den Polarisationsapparat (1858) mit parallelem Licht von Nörrenberg

(1787—1862) zurück. Bei beiden Instrumenten finden die bekannten von W. Nicol (1768—1851) angegebenen Prismen (1841) zweckmäßige Verwendung. Die Rotationspolarisation hat dadurch technische Bedeutung erlangt, daß sie den Gehalt einer Zuckerlösung auf einfache Weise zu bestimmen gestattet. Das älteste eigens hierzu konstruierte Instrument ist das Saccharimeter (1847) von N. Soleil (1798—1878); das Polaristrobometer (1865) von Wild ist bedeutend empfindlicher. Neuerdings verwendet man besonders gern den Halbschattenapparat von L. Laurent (g. 1840).

Der eben genannte Soleil ist der Erfinder der für Leuchttürme gebrauchten Zonenlinsen. Das Hauptverdienst auf diesem Zweige angewandter Optik gebührt übrigens Fresnel, von dem die sog. dioptrischen und katadioptrischen Leuchtfeuerapparate stammen, deren erster 1823 auf dem Cordouan-Leuchtturm angebracht wurde.

Nach den optischen Telegraphen des Altertums wurde der erste zweckmäßige von Hooke am 21. Mai 1684 in der Royal Society vorgeführt, wurde aber praktisch nicht verwendet. Dieses Glück widerfuhr dem Apparate von Claude Chappe (1763—1805), der sich ertränkte, da man ihm die Priorität an seinem „Semaphor" absprach. Unser optischer Bahntelegraph gleichen Namens ist eine Vereinfachung des Chappeschen Instruments. Die erste optische Telegraphenlinie Paris—Lille mit 22 Stationen auf 30 Meilen wurde im August 1794 eröffnet. Ein Telegramm durchlief den Weg hin und zurück in drei Viertelstunden. Im gleichen Jahre wurde durch den Mechaniker Böckmann in Karlsruhe die erste deutsche Telegraphenlinie gebaut, mit der er erstmals (22. November 1794) dem Markgrafen Karl Friedrich von Baden zum Geburtstage ein Gratulationstelegramm sandte.

Frankreich hatte in den dreißiger Jahren 170 optische Telegraphen für Nachrichten aus Paris. Die berühmteste Linie Deutschlands für Staatszwecke von Berlin bis Köln konnte ein Telegramm in 10 Minuten befördern.

Am 9. April 1809 fielen die Österreicher in München ein und vertrieben den Kurfürsten. Bereits am 22. April wurde die Stadt wieder durch Napoleon entsetzt, der aus Paris mit dem optischen Telegraphen herbeigerufen war. Unter dem Eindruck dieser schnellen erfolgreichen Benachrichtigung veranlaßte der bayerische Minister Graf Monngelas den Ana-

tomen Sömmering (1755—1830) zur Beihilfe der Akademie
für den Bau solcher Telegraphen in Bayern. Sömmering ersann jedoch statt des optischen den ersten elektrischen Telegraphen, von dem im nächsten Abschnitte die Rede·sein
wird. Trotz der raschen Entwicklung der elektrischen Telegraphie ging die letzte optische Telegraphenlinie (Köln—
Koblenz) erst 1853 ein. Außer bei der Bahn wird bekanntlich auch noch beim Militär optisch telegraphiert, durch
Winkerflaggen oder mittels der von Kapitän Marryat für
Schiffahrtszwecke ersonnenen Flaggensprache oder mit dem
von Henry Mance gegen 1875 erfundenen Spiegelheliographen.
Dieses Instrument ist aus dem Heliotrop (1820) von Gauß
hervorgegangen, der damit bei der hannoverschen Gradmessung signalisierte, und hat besonders bei den Engländern
im letzten Burenkriege gute Verwendung gefunden.

Die Elektrizitätslehre.

Die Entwicklung der Elektrizitätslehre und der aus
ihr hervorgegangenen Elektrotechnik gibt der Physik des
19. Jahrhunderts ein äußerst charakteristisches Gepräge.
Auf diesem Gebiete liegt eine Riesensumme unermüd-
licher experimenteller und theoretischer Arbeit vor, die
ebenso schwer zu übersehen ist, als die fast endlose
Reihe aller hier tätigen Forscher[1]).

Die Keime zu den Forschungen über strömende Elektrizität liegen in den Versuchen, die der Anatomieprofessor
zu Bologna Aloisio Galvani (1737—1798) während
der Jahre 1780—90 angestellt und in seiner Schrift:
„De viribus electricitatis in motu musculari commentatis"
(1791) zuerst beschrieben hat.

Galvani hatte ein Präparat von Froschschenkeln, deren Nerven noch an einem Stück des Rückenmarks hingen, in der

---

[1]) Die ganz erstaunliche Vielseitigkeit der heutigen Elektrizitätslehre nötigt uns gerade in diesem Kapitel von einer eingehenden
Beschreibung von Apparaten möglichst abzusehen. Im Notfall gibt
die einschlägige Literatur der Experimentalphysik hinreichend Aufschlüsse. um so mehr als gerade die Lehre von der Elektrizität als
das „populärste" Gebiet der Physik betrachtet zu werden pflegt.

Nähe einer Elektrisiermaschine auf eine Tafel gelegt und machte nun die Bemerkung, daß die Schenkel zuckten, wenn man mit der Spitze eines Messers an die Nerven kam. Die Wirkung war stärker und auch leichter zu erzielen, wenn gleichzeitig Funken aus dem Konduktor der Maschine gezogen wurden. Galvani erkannte, daß die Berührung durch einen Leiter erfolgen müsse, konnte aber die offenbare Influenzerscheinung nicht erklären. Er erhoffte besonders starke Wirkungen bei mächtigen elektrischen Funken, den Blitzen. Das traf zwar ein, die Schenkel zuckten aber auch ohne solche Entladungen, so daß Galvani zunächst an einen Einfluß der atmosphärischen Elektrizität überhaupt glaubte. Zur Untersuchung desselben hing er die Schenkel mittels eines Eisenhakens an einem Eisengeländer auf. Gelegentlich erfolgten Zuckungen, die sich aber von der atmosphärischen Elektrizität unabhängig erwiesen. Der Grund der Erscheinungen mußte also ein anderer sein. Die Zuckungen erfolgten auch, wenn man mit einem Eisendraht, der durch das Rückenmark gestochen war, eine eiserne Platte berührte, auf der die Froschschenkel lagen. Benutzte Galvani zum gleichen Zweck einen Draht von Kupfer oder Silber, so war die Wirkung bedeutend stärker. Galvani legte die Schenkel auch auf eine Glasplatte und hielt ein Drahtstück an das Ende der Nerven beim Rückenmark, ein anderes an die Fußmuskeln. Brachte er dann die freien Drahtenden zur Berührung, so erfolgten wieder Zuckungen, die stärker waren, wenn die beiden Drahtstücke aus verschiedenen Metallen, z. B. Eisen und Kupfer oder Silber und Kupfer, bestanden. Galvani suchte nun alle diese umfassenden Versuche daraus zu erklären, daß er einen Muskel als eine Kleistsche Flasche ansah, bei der der Nerv die innere Belegung bildet. Die zahllosen Mißverständnisse über Galvanis Untersuchungen rühren davon her, daß er eigentlich zwei grundverschiedene Dinge entdeckte, die Erzeugung von Elektrizität durch zwei verschiedene metallische und einen feuchten Leiter, sowie die physiologische Elektrizität. Dem Umstand, daß bei Verwendung eines Bogens aus zwei Metallen die Zuckungen viel stärker waren, legte Galvani wenig Bedeutung bei, während die Professoren Gren (1760—98) und Reil (1758—1813) auf die Wichtigkeit der Metalle für diese Versuche hinwiesen. Alessandro Volta (1745—1827), seit 1779 Physiker an der Universität Padua, huldigte zuerst der Meinung Galvanis, die er entsprechend modifizierte. Bei der Wiederholung aller Versuche fand er jedoch, daß die Zuckungen der Froschschenkel auftraten, wenn der Elektrizitätsausgleich nur durch die Kruralnerven erfolgte, was mit Galvanis Erklärung nicht in Einklang zu bringen war. Einen tieferen Einblick gewährte das Experiment von Sulzer (1720—90). Er brachte nämlich (1760) auf und unter die Zunge zwei verschiedene Metallstückchen, die sich am Rande berührten. Er hatte dann eine Geschmacksempfindung wie von Eisenvitriol. Volta stellte diesen Versuch unabhängig von Sulzer auch an (1793). Es gelang ihm mittels seines Kondensators auch nachzuweisen, daß zwei verschiedene Metalle, miteinander in Berührung gebracht, ungleichnamig elektrisch werden („Voltas Fundamentalversuch‟), sowie daß auch beim Kontakt von Metallen und Flüssigkeiten Elektrizität erzeugt wird. Indem er nun mehrere „Elemente‟, je aus zwei verschiedenen Metallen und einem dazwischenliegenden angefeuchteten Lappen bestehend, übereinanderschichtete, entstand die bekannte „Voltasche Säule‟, die er zuerst am 20. März 1800 in einem Brief gleichzeitig mit seinem handlicheren „Becherapparat‟ beschrieb. Es ist ein schönes Zeichen von Voltas Edelsinn, daß er Galvanis Studien hochschätzte und sich seit 1796 der von ihm ersonnenen Bezeichnung „Galvanismus‟ bediente.

Noch in der ersten Hälfte des Jahres 1800 machten Antony Carlisle (1768—1840) und Nicholson, dessen Gewichtsaräometer und Duplikator wir schon erwähnten, die Beobachtung, daß aus einem Wassertropfen auf der obersten Platte einer Voltaschen Säule Wasserstoffblasen aufstiegen, wenn man den von der untersten Platte kommenden Leitungsdraht eintauchte, sowie daß man Wasserstoff und Sauerstoff erhält, wenn man die Elektrizität durch Platindrähte in Wasser leitet. Elektrolytische Zersetzungen ohne Reibungselektrizität hatte 1795 übrigens schon der 1820 verstorbene Dr. Ash in Oxford bemerkt, als er ein Silberstück auf eine befeuchtete Zinkplatte legte, die sich dann mit einem weißen Staube („Zinkkalk‟) bedeckte. Alexander von Humboldt (1769—1859) bemerkte bei einer Wiederholung des Versuchs (1797) das Aufsteigen von Gasblasen an dem Silberstück. J. W. Ritter (1776—1810) gelang es, im Sep-

tember 1800 mit einer Voltaschen Säule von 64 Plattenpaaren
auch Ammoniak zu zersetzen, sowie Kupfer aus Kupfer-
vitriol niederzuschlagen. Sein Zersetzungsapparat ist die
Urform des heutigen. Die Menge des bei der Wasserzersetzung entstandenen Knallgases diente (1801) dem Professor Simon (1767—1815) zur Bestimmung der „Stärke der
Wirkung" verschiedener Säulen in seinem elektrochemischen
Galvanoskop, der Urform des Voltameters.

Gautherot (1753—1803) legte (1802) zwei Platindrähte,
die er als Elektroden in Salzwasser benutzt hatte, auf und
unter die Zunge und beobachtete bei ihrem Kontakt den
gleichen Geschmack wie bei dem Versuche von Sulzer. Ritter
erhielt dies auch bei Golddrähten und konnte sogar (1803)
dadurch Froschschenkel zum Zucken bringen. Im Verfolg
dieser Erscheinung schichtete er Kupferplatten, jeweils durch
kochsalzgetränkte Pappstücke getrennt, übereinander und
ließ den Strom einer Voltaschen Säule hindurchgehen. Löste
er die Verbindung nach einigen Minuten, so konnte man mit
der „Ladungssäule" alle Versuche wie mit einer Voltaschen
anstellen (1803). Er hatte damit den ersten „Akkumulator",
der übrigens auch in ausgetrocknetem Zustand noch wirksam war. Erstaunlicherweise erwies sich auch eine Voltasche
Säule aus Zink, Kupfer und trockenem Schafleder wirksam.
Solche „Trockensäulen" baute Behrens (1775—1813) aus
Blättchen von unechtem Gold- und Silberpapier (1806).
Er benutzte sie zu einem Elektroskop, das aber meist nach
Bohnenberger oder Fechner (1801—87) genannt wird,
während man die Säule von Behrens häufig als Erfindung
von Zamboni (1776—1846) ausgibt, der sie zu einem „elektrischen Perpetuum mobile" gebrauchte (1812).

Im Jahre 1807 gelang es Davy, durch Elektrolyse aus Ätzkali, das in einem Platinlöffelchen geschmolzen war, das metallische Kalium und ganz entsprechend auch aus Ätznatron
metallisches Natrium zu gewinnen. Ebenso gelang ihm (1808)
die Zerlegung von Baryt, Kalk, Magnesia und Strontian.
Ohne auf die elektrochemische Theorie von Davy und Ber-
zelius (1779—1848) weiter einzugehen, nennen wir hier die
bekannte von dem Freiherrn von Grothuß (1785—1822) aufgestellte (1805) Erklärung der elektrolytischen Erscheinungen.

Den durch eine Voltasche Säule erzeugten Funken hatte
Volta bei Benutzung eines Kondensators (1800) gesehen,

Nicholson ohne diesen. Im Jahre 1801 erkannte Ritter
auch den Unterschied zwischen Öffnungs- und Schließungs-
funken. Ließ man die Elektrizität der Säule durch dünne
Drähte fließen, so erwärmten sie sich und glühten sogar, wie
Marum, Pfaff (1773—1852) und Simon konstatierten; ja,
es gelang Davy, einen dünnen Eisendraht zu schmelzen. Allerdings verfügte letzterer über starke Ströme. Er konnte z. B.
seit 1810 eine Trogbatterie von 2000 Elementen verwenden,
die die Royal Institution zu London als Geschenk erhalten
hatte. Es glückte ihm damit, wie er 1812 berichtete, den
elektrischen Lichtbogen bis zu 4 Zoll Länge zu erzeugen. Er
gebrauchte dabei Holzkohlenspitzen, die er geglüht und dann
in Quecksilber abgelöscht hatte, um sie durch das einge-
drungene Metall leitender zu machen.

Oersted (1777—1851) bezeichnete die Erwärmung der
Drähte als dem Widerstande proportional und betrachtete
die Funkenbildung als Spezialfall dieses Gesetzes (1818).
Davy bemerkte (1821) auch den Einfluß der Substanz. Unter
sonst gleichen Umständen fand er für Metalle, die in folgender
Reihe weiter nach rechts stehen, die Erwärmung beträcht-
licher: Ag, Cu, Pb, Au, Zn, Sn, Pt, Pd, Fe. Er fand in demselben Jahre auch die Zunahme des Widerstands eines Leiters
bei wachsender Temperatur. Das schwache Glühen eines
Drahtes hörte nämlich auf, wenn er den Draht mit einer
Flamme an einer Stelle erhitzte. Der Strom war also ge-
schwächt worden, bzw. der Widerstand hatte sich vergrößert.

Wir müssen an dieser Stelle noch der Forschungen über
die Elektrizitätserregung gedenken, mit denen sich Volta beschäftigte. Im Jahre 1801 stellte er seine berühmte Spannungsreihe auf: „Zink, Blei, Zinn, Eisen, Kupfer, Silber,
Gold, Platin, Kohle, Braunstein". Jeder Körper dieser Reihe
wird bei Berührung mit einem vorhergehenden negativ elektrisch. Die Spannungsdifferenz zwischen je zwei Stoffen ist
um so bedeutender, je größer deren Abstand in dieser Reihe
ist. Ferner ist der Spannungsunterschied zwischen irgend
zwei Stoffen der Reihe so groß als die Summe aller Spannungsunterschiede von Kombinationen der Zwischenglieder.
In einer Kette, die nur aus Metallen besteht, kann kein Strom
zustande kommen. Als Volta auch die Spannungsdifferenzen
zwischen Metallen und Flüssigkeiten untersuchte, fand er
Abweichungen von diesen eben erwähnten Gesetzen. Die

Spannung zwischen Wasser und Silber war nämlich etwa so groß als die zwischen Wasser und Zink, während sie 13 mal so groß sein müßte, wenn das Wasser auch in obige Reihe gehörte. Volta nannte alle Körper, die den Spannungsgesetzen gehorchen, Leiter erster Klasse, die übrigen Leiter zweiter Klasse. Gerade die Abweichung der Flüssigkeiten von den Gesetzen Voltas gestattet, durch Wiederholung gewisser Kombinationen (z. B. Zink—Flüssigkeit—Kupfer) die Spannungsunterschiede nach Belieben zu verstärken, was ja Volta bei seiner Säule benutzte. Die Spannungsreihe Voltas wurde 1804 durch Ritter noch mehr erweitert. Er zeigte zugleich, daß die Legierung zweier Metalle nicht zwischen diesen beiden steht, also Messing z. B. nicht zwischen Kupfer und Zink.

Volta verteidigte die vielfach, so von Alexander von Humboldt, angezweifelte Identität der bisher bekannten und der galvanischen Elektrizität, und Nicholson betonte, daß die Voltasche Säule viel Elektrizität von geringer Spannung, die Elektrisiermaschine dagegen wenig Elektrizität, aber von hoher Spannung liefert.

Das Jahr 1820 brachte die für die Entwicklung der ganzen Elektrizitätslehre hochwichtige Entdeckung der Ablenkung der Magnetnadel durch den galvanischen Strom. Der Gedanke an einen Zusammenhang zwischen Elektrizität und Magnetismus war wohl schon früher gelegentlich aufgetaucht, um so mehr, als Coulomb für diese beiden Gebiete dasselbe Gesetz gefunden hatte. Die Tatsache, daß der Blitz die Kompaßnadel beeinflußen kann, war schon seit dem Jahre 1676 bekannt, aber alle Versuche, durch Reibungselektrizität magnetische Wirkungen zu erzielen, waren mehr oder weniger ergebnislos verlaufen. Es sind Äußerungen von Physikern (vor 1820) vorhanden, die sich auf eine Einwirkung des elektrischen Stromes auf eine Magnetnadel beziehen, doch handelt es sich dabei nur um gelegentliche Vermutungen, so daß der Ruhm der Entdeckung einzig und allein dem dänischen Physiker Oersted gebührt.

Oersted hielt im Frühjahr 1820 zu Kopenhagen als
ordentlicher Professor der Physik Vorlesungen über Elektrizität, Galvanismus und Magnetismus. Er sagt darüber:
„Ich trug die Vermutung vor, daß eine elektrische Entladung auf eine Magnetnadel außer der Kette wirken könne.
Ich entschloß mich nun, den Versuch zu machen. Da ich
von der mit Glühen vergesellschafteten Entladung das
meiste erwartete, wurde ein sehr feiner Platindraht in die
Kette da eingeschaltet, wo die Nadel untergestellt wurde.
Die Wirkung war zwar unverkennbar, aber doch so ver-
worren, daß ich die weitere Untersuchung auf eine Zeit
verschob, wo ich mehr Muße zu haben hoffte. Im Anfang
des Monats Juli wurden diese Versuche wieder aufgenommen und unausgesetzt verfolgt." Über das Ergebnis
berichtete Oersted in der nur sechs Seiten füllenden Abhandlung: „Experimenta circa effectum conflictus electrici
in Acum magneticam" (21. Juli 1820). Die Ablenkung
der Nadel wird darin sehr umfassend untersucht und durch
folgendes Gesetz angegeben: „Der Pol, über dem die negative Elektrizität eintritt, wird nach Westen, der Pol aber,
unter dem sie eintritt, nach Osten abgelenkt." Oersteds
Arbeit machte überall berechtigtes Aufsehen. Im August-
heft (1820) des Schweiggerschen Journals publizierte Oersted eine weitere Abhandlung, in der er darauf hinweist,
daß der Leitungsdraht bei dem Ablenkungsversuch keineswegs, wie man ursprünglich angenommen, glühend zu sein
brauche. Zugleich gibt Oersted an, es sei ihm gelungen,
die Ablenkung eines Stromkreises durch einen Magneten
zu erzielen.

Biot und Savart waren die ersten, die für die Ablenkung
der Nadel durch den galvanischen Strom das mathematische
Gesetz veröffentlichten [30. Oktober 1820][1]. Oersted hatte

---

[1] Vgl. Sammlung Göschen Nr. 136, S. 167.

seine erste Schrift direkt an berühmte Physiker und gelehrte Gesellschaften gesandt, wodurch man sich mit Feuereifer der neuen Erscheinung sofort zuwandte. Aus der großen Zahl der einschlägigen Untersuchungen nennen wir diejenigen von Ampère (1775—1836). Indem er die Richtung der strömenden positiven Elektrizität — was wir bis heute beibehalten haben — als Stromrichtung bezeichnete, stellte er (2. Oktober 1820) seine berühmte Schwimmregel auf.

Ampère konnte ferner zeigen, daß zwei parallele Ströme sich anziehen bzw. abstoßen, wenn sie gleiche bzw. verschiedene Richtung haben. Bei diesen Arbeiten bediente er sich des auch heute noch im Unterricht üblichen, seinen Namen tragenden Gestells mit den verschiedenen Drahtfiguren. Indem er an Stelle eines Drahtkreises zur Verstärkung der Wirkung eine Drahtspirale benutzte, erhielt er das.... 1822 von ihm so benannte.... Solenoid, das sich als künstlicher Magnet erwies. Ampère sah sich dadurch zu seiner bekannten Theorie des Magneten veranlaßt, unter Annahme von Molekularströmen, sowie zu der Hypothese eines Erdstroms in ostwestlicher Richtung.

Außer den erwähnten Arbeiten lieferte Ampère auch wichtige theoretische Untersuchungen über die elektrodynamischen Wirkungen des Stromes. Er gab die „Formel, aus der man alle Phänomene, wie sie die Elektrizität darbietet, ableiten kann, und die für alle Zeiten die Kardinalformel der Elektrodynamik bleiben wird" (Maxwell).

Den ersten Elektromagneten stellten Arago und sein Freund Gay-Lussac her, indem sie eine Stahlnadel in eine stromdurchflossene Drahtspirale einführten. Sie sahen den Leitungsdraht selbst als Magneten an und fanden auch, daß er Eisenfeilspäne anzieht, selbst wenn er gar nicht aus Eisen, sondern aus Kupfer, Platin usw. war (September 1820). Im November des gleichen Jahres zeigte Thomas Johann Seebeck (1770—1831), daß man eine Stahlnadel auch durch Streichen über einen stromdurchflossenen Kupferdraht magnetisieren kann.

In einer Sitzung der Naturforschenden Gesellschaft zu Halle am 16. September 1820 wies Schweigger (1779—1857) darauf hin, daß man eine verstärkte Wirkung eines Stromes auf eine Magnetnadel erzielen könne, wenn man den Leitungsdraht ein oder mehrere Male um die Nadel herumführe, ja

daß ein solcher Apparat schon hinreiche, um „die Versuche
Oersteds bloß mit kleinen Streifen von Zink und Kupfer, die
in Salmiakwasser getaucht sind, wiederholen zu können".
Seebeck nannte den Apparat Schweiggers wegen seiner ver-
vielfachenden Wirkung auf die Nadel „Multiplikator". Im
Mai 1821 ließ sein Kollege Erman (1764—1851) eine Schrift
erscheinen, in der er ein ganz ähnliches Instrument beschreibt,
das von Poggendorff (1796—1877) stammt und von diesem
erstmals als Meßapparat benutzt wurde. An Stelle des von
Erman dafür gegebenen Namens „Kondensator" gab Ampère
den entschieden besseren „Galvanometer". Es gebührt jedoch keineswegs dem französischen Physiker die Priorität
bei diesem wichtigen·Meßinstrument, wohl aber hat er die
sog. astatische Nadel erfunden, um die Wirkung des Erdmagnetismus aufzuheben. Er verband nämlich zwei Magnetnadeln von möglichst gleichem Moment, deren gleichnamige
Pole nach entgegengesetzten Richtungen wiesen, durch ein
Stückchen Messing miteinander (1821). Führt man den Leitungsdraht zwischen beiden Nadeln durch, so wirkt er auf
beide in gleicher Weise. Ampère benutzte das astatische
Nadelpaar aber keineswegs für ein Galvanometer. Dies tat
erst Nobili 1825, ein Jahr nachdem Cumming (1777—1861)
die Wirkung des Erdmagnetismus·auf die Galvanometernadel
durch die noch heute üblichen Richtungsmagnete aufzuheben lehrte.

Bevor wir zu den Untersuchungen über Thermoelek-
trizität übergehen, vervollständigen wir unseren Bericht
über die Einwirkung zwischen strömender Elektrizität und
Magnetismus. Faraday (1791—1867) konnte unterm
11. September 1821 berichten, daß es ihm gelungen sei,
die Rotation eines beweglichen Stromleiters um einen
festen Magnetpol zu erzielen und ebenso auch die Rotation
eines beweglichen Magnetpols um einen festen Stromleiter.
Erwähnt sei, daß Faraday hierbei als Stromquelle den
seiner starken Wärmeentwicklung wegen so genannten
„Kalorimotor" (1819) von Hare (1781—1858) benutzte.
Davy konnte in vollem Einklange mit der Theorie den
elektrischen Lichtbogen, der einen beweglichen Strom-

leiter repräsentiert, durch einen genäherten Magneten ablenken, ja ihn sogar in Rotation versetzen. Faradays Ergebnisse ließen Ampère nicht ruhen. Schon am 30. Oktober 1821 konnte er einen anderen Apparat vorführen, der die Rotation eines beweglichen Stromes um einen Magnetpol zeigte, und endlich glückte ihm (10. Dezember 1821), im Gegensatz zu Faraday, auch die Rotation eines Stromes unter dem Einfluß des Erdmagnetismus zu demonstrieren. Ampère überholte Faraday noch in zwei weiteren Punkten, mit der Rotation eines Magneten um die eigene Achse unter dem Einfluß eines Stromes und mit der Rotation eines geraden Stromleiters um seine Achse unter dem Einfluß eines Magneten.

Im Jahre 1823 konnte Davy auch die Rotation von stromführenden Flüssigkeiten unter dem Einfluß eines Magneten nachweisen, was später besonders deutlich durch F e c h n e r (1801—87) demonstriert wurde. Zum Abschluß seien nur genannt das schwimmende Element (1821) von Gaspard de la Rive (1770—1834), das sich senkrecht zum magnetischen Meridian einstellt, sowie das Rädchen (1822) von B a r l o w (1776—1862), das durch Annäherung eines Magneten in Drehung versetzt wird.

Im Verfolg der Versuche Oersteds glaubte Seebeck (1821), eine neue Art von Magnetismus gefunden zu haben. Von diesem „Thermomagnetismus" handelt seine Publikation: „Über die magnetische Polarisation der Metalle durch Temperaturdifferenz". Er erstreckte seine Untersuchungen auf „Erscheinungen, welche ihm anzudeuten schienen, daß auch wohl zwei Metalle für sich, kreisförmig miteinander verbunden, ohne Mitwirkung irgend eines feuchten Leiters magnetisch werden". Das eine Ende eines Multiplikatordrahtes endigte in einer Kupferscheibe, auf die er eine Platte von Wismut legte. Drückte Seebeck nun mit der Hand das andere Drahtende auf letztere, so wurde die Galvanometernadel abgelenkt. Dasselbe erfolgte, allerdings in entgegengesetztem

Sinne, wenn er Antimon an Stelle des Wismuts benutzte. Seebeck überzeugte sich bald, daß die Erscheinung durch die Wärme der Hand verursacht wurde. Im weiteren Verfolg konstruierte er dann ein „Thermoelement", wie wir es noch heute zur ersten Demonstration verwenden, aus einem Rechteck von zwei zusammengelöteten Metallstreifen, in dem sich auf einer Spitze eine Magnetnadel drehen kann, die abgelenkt wird, sobald man die eine Lötstelle erwärmt oder abkühlt. Es gelang ihm auch (Februar 1822), eine thermoelektrische Spannungsreihe aufzustellen, die später in der Hauptsache von W. G. Hankel (1814—98) bestätigt worden ist. Seebeck konstruierte auch die erste thermoelektrische Säule aus Wismut und Antimon und erkannte, daß die Stromstärke, oder wie er sagte, die „Stärke der magnetischen Polarisation" mit zunehmender Temperaturdifferenz wohl wächst, ihr und der Anzahl der Erwärmungsstellen aber nicht proportional ist. Im Jahre 1823 baute Oersted die erste Säule zur Untersuchung der Wärmestrahlung, doch waren die von Nobili und Melloni seit 1830 konstruierten Säulen für diesen Zweck viel geeigneter. Die direkte Messung des Wärmegrads eines Körpers durch Einsenken einer Lötstelle eines Neusilber-Eisenelements geht anscheinend auf Poggendorff zurück (1840). Die Verwendung von Thermosäulen als Stromquelle für technische Zwecke oder im Laboratorium wurde vielfach angestrebt und durch passende Konstruktionen zu erreichen gesucht. Wir nennen die Säulen von Mure und Clamond (1869), Noë (1870) und Gülcher (1887).

Außerordentliches Aufsehen erregte die 1834 von Peltier (1785—1845) aufgefundene Tatsache, daß eine Lötstelle eines Thermoelements sich erwärmt oder abkühlt, wenn man in dieses einen Strom hineinleitet („Peltiereffekt"). H. F. E. Lenz (1804—65) konnte dadurch sogar Wasser zum Gefrieren bringen (1838). Es zeigt sich stets, daß die beim Einleiten von Strom in ein Thermoelement an der Lötstelle entstehende Peltierwärme schwächend auf den eingeführten Strom wirkt.

Wir erwähnen gleich hier noch den sog. Thomsoneffekt, die von William Thomson (g. 1824), jetzt Lord Kelvin, bemerkte Tatsache (1856), daß sich auch in einem Metallstück Strom entwickelt, wenn Temperaturunterschiede in ihm vorhanden sind.

Das erste Jahrhundertviertel weist, wie wir bisher gesehen haben, ein reiches Tatsachenmaterial auf, ohne daß
man sich jedoch eingehenderen Forschungen über die Größenverhältnisse der elektrischen Wirkungen zugewandt hätte.
Nur ganz vereinzelt begegnet man kurzen Notizen. Bei der
Untersuchung (1805) des Einflusses, den eine Vermehrung
oder eine Vergrößerung der Platten einer Voltaschen Säule
auf deren Wirkung hat, hatte z. B. Ritter den Satz ausgesprochen: „Der Effekt der Säule hängt bei gleicher Spannung
von der Summe der Leitungen in der Säule und dem schließenden Bogen ab." Davy konstatierte bei einer schon früher
erwähnten Arbeit, daß der Widerstand, den jeder Draht einem
Strom entgegensetzt, seiner Länge direkt und seinem Querschnitt indirekt proportional ist.

Der schweren, aber auch sehr dankbaren Arbeit, alle
in Betracht kommenden Faktoren in ihrer gegenseitigen
Beziehung zu untersuchen, hat sich ein deutscher Physiker
Georg Simon Ohm (1787—1854) unterzogen. Im Jahre
1825 machte er die Beobachtung, daß die Stromstärke
einer galvanischen Kette nach dem Stromschluß sehr schnell
abnimmt, jedoch wieder bis zum ursprünglichen Betrage
anwächst, wenn die Kette zuvor längere Zeit geöffnet gewesen ist. Er benutzte wegen dieses Übelstandes, auf den
Rat von Poggendorff hin, zu seinen Studien ein Thermoelement aus Kupfer und Wismut, dessen Lötstellen sich
in kochendem Wasser und in schmelzendem Eise befanden.
Ohm untersuchte mit dem konstanten Strome dieses Elements die Leitfähigkeit der Metalle und konnte (1826)
die Formel

$$X = \frac{a}{b + x}$$

aufstellen, „wo X die Stärke der magnetischen Wirkung
auf den Leitern, deren Länge x ist, a und b aber konstante, von der erregenden Kraft und dem Leitungswider

stande der übrigen Teile der Kette abhängige Größen bezeichnen.“

Im Jahre 1827 publizierte Ohm, damals Lehrer an der
Berliner Kriegsschule, zu Berlin eine Schrift: „Die galva-
nische Kette, mathematisch bearbeitet“, die sein berühmtes
Gesetz enthält.

Die große Bedeutung des Ohmschen Gesetzes wurde leider
viel zu wenig beachtet, besonders im Ausland, wo man viel
mehr Wert darauf legte, daß der Franzose Pouillet (1790
bis 1868) im Jahre 1837 genau dasselbe Gesetz aufstellte, in
einer Arbeit, in der er auch seine Tangenten- und Sinusbussole
beschrieb, deren Idee auf G. de la Rive (1824) zurückgehen
soll. Vor Pouillet hatte übrigens Fechner (1801—87) in seinen „Maßbestimmungen“ (1831) das Gesetz Ohms vollauf
bestätigt, was für Flüssigkeiten auch von R. H. Kohlrausch
(1809—58) seit 1848 und W. Beetz (1822—86) seit 1865 geschah. Am 30. November 1840 ehrte die Royal Society durch
Verleihung der Copley-Medaille die Verdienste Ohms, aber
erst Wheatstone wies 1843 in einer Arbeit, in der er auch
seinen „Rheostaten“ angab, darauf hin, wie nötig es sei, sich
die scharfen Begriffe Ohms für Stromstärke und Widerstand
anzueignen. Er selbst hat davon einen schönen Gebrauch
bei der seinen Namen tragenden Vorrichtung (Wheatstones
Brücke 1843) gemacht. Sie stellt sich als Spezialfall der
Stromverzweigungen dar, für die Kirchhoff 1847 seine bekannten Gesetze angab.

Von ganz ungeheurer Bedeutung für die Elektrizitätslehre ist das Gebiet der Induktionserscheinungen geworden,
zu dem uns Michael Faraday (22. IX. 1791 bis 25. VIII.
1867) die Wege erschlossen hat. Wie. er selbst angibt,
führte ihn dazu eine Beobachtung von Ampère und eine
andere von Arago. Ampère hatte einst bei seinen elektrodynamischen Arbeiten einen isolierten Kupferring inner-
halb eines kreisförmig gebogenen Stromleiters aufgehängt
und bemerkt, daß er von einem genäherten Magneten angezogen wurde. Er verfolgte jedoch diese Erscheinung

nicht weiter. Arago hatte im Jahre 1824 bemerkt, daß
die Schwingungen einer Magnetnadel durch untergelegtes
Kupfer stark gedämpft wurden. Im März 1825 war es
ihm sogar gelungen, eine Magnetnadel durch eine darunter
rotierende Kupferscheibe abzulenken und auch schließlich
in Drehung zu versetzen. Arago nahm zur Erklärung den
besonderen „Rotationsmagnetismus" an, ohne jedoch tiefer
in sein Wesen einzudringen. Der Vorschlag, diese Erscheinung zur Dämpfung von Kompaß- und Galvanometer-
nadeln zu verwenden, stammt vermutlich von Seebeck (1826).

Faraday wickelte auf eine Holzrolle nebeneinander
zwei gut isolierte Drähte von 62 m Länge. Die Enden
des einen Drahtes standen mit einer galvanischen Kette,
die Enden des anderen mit einem Galvanometer in Verbindung. Solange der Strom im ersten Drahte floß, blieb
die Magnetnadel in Ruhe, gab aber sofort einen kurzen
Ausschlag, wenn man den Strom der Kette öffnete oder
wieder schloß. Faraday erkannte, daß der „Induktions-
strom" (im zweiten Draht) beim Öffnen dieselbe, beim
Schließen jedoch die entgegengesetzte Richtung hat wie
der „induzierende Strom" (im ersten Draht). Durch Nähern
bzw. Entfernen oder durch Verstärken bzw. Abschwächen
des „primären" Stromes erzielte man dasselbe wie durch
Schließen bzw. Öffnen. Außer dieser „Voltainduktion",
wie er sie nannte, entdeckte Faraday im gleichen Jahre 1831
auch die „Magnetinduktion", die möglich sein mußte, wenn
Ampères Anschauung vom Wesen des Magneten richtig
war. Wenn Faraday von einem Magneten, der mit einer
Drahtspule umwickelt war, den Anker abriß, so entstand
in der Spule ein kurzer Strom, der sich in einem Galvanometer anzeigte. Der beim Anlegen des Ankers entstehende
Stromstoß hatte die entgegengesetzte Richtung. Denselben
Erfolg hatte Faraday, wenn er einen Magneten einer Draht-

spule näherte bzw. von ihr entfernte oder, was begreiflicherweise auf dasselbe hinausläuft, die Spule bewegte und den Magneten festhielt. Ob Faraday einen natürlichen, künstlichen oder durch den galvanischen Strom erzeugten Magneten zu diesen Versuchen benutzte, war für den Erfolg ohne Bedeutung. Es gelang daher Faraday, auch durch den Erdmagnetismus in einer bewegten Drahtspirale Induktionsströme zu erzeugen.

Die Möglichkeit, mit einem Magneten in einem Stromleiter durch Bewegung einen Strom hervorzurufen, gab Faraday die Erklärung für den Rotationsmagnetismus in die Hand. Er erkannte das Auftreten von Induktionsströmen in der Kupferplatte bei den Experimenten Aragos und konnte dies durch einen staunenerregenden Versuch auch beweisen. Ließ er nämlich eine Kupferscheibe zwischen den Polen eines kräftigen Magneten rotieren, so konnte er durch zwei Schleifdrähte an der Achse und dem Rand der Scheibe einen andauernden elektrischen Strom abnehmen.

Lenz (1804—65) lieferte 1834 den Nachweis, daß die Erscheinungen der Induktion vollständig dem Prinzip von der Gleichheit der Wirkung und Gegenwirkung entsprechen, und stellte sein bekanntes Gesetz über die Richtung der Induktionsströme auf, welches aussagt, daß der entstehende Strom die ihn erzeugende Bewegung aufzuheben versucht. Dieses Lenzsche Gesetz ist zwar stets anwendbar, wurde aber im Laufe der Zeit durch bequemere Regeln ersetzt, so durch Faraday unter Verwendung seines Kraftlinienbegriffs, ferner durch die „Dreifingerregel rechter Hand" von J. A. Fleming (1884), sowie durch die Regeln von Maxwell und Zepf (1896). Lenz fand 1835, daß die elektromotorische Kraft des Magnetinduktionsstromes der Zahl der Drahtwindungen der Spule proportional ist, von deren Weite jedoch nicht abhängt. Felici und Gaugain (1810—78), bekannt durch eine besondere Konstruktion der Tangentenbussole, stellten in den fünfziger Jahren die entsprechende Untersuchung auch für die Voltainduktion an.

Jenkin (1833—85) und Masson (1806—60) machten etwa gleichzeitig (1834) die Beobachtung, daß der Öffnungsfunke einer galvanischen Kette stärker wurde, wenn eine Drahtspule eingeschaltet war, sowie daß eine erhöhte Windungszahl oder ein eingesteckter Eisenkern diese Wirkung verstärkte. Faraday konnte (1835) die richtige Erklärung geben: der in einer Windung verschwindende Strom induziert einen gleichgerichteten in den Nachbarwindungen, den verstärkenden „Extrastrom". Auch beim Schließen entsteht ein solcher, der jedoch die entgegengesetzte Richtung hat und dadurch schwächt. Aus den späteren Zeiten liegen besonders Arbeiten von M. H. Jacobi (1801—74) aus dem Jahre 1838 und von Helmholtz (1851) über diese Extraströme vor.

Die Erscheinungen der Induktion bestärkten Faraday in seiner Anschauung, daß galvanische und Reibungselektrizität dem Wesen nach identisch seien, und daß nur ein Unterschied bezüglich der Menge und der Spannung bestehe. Er gibt an (1833), die Menge Elektrizität, mit der sich ein Gran Wasser zerlegen lasse, könne eine große Leidener Flasche 800 000 mal füllen und bei plötzlicher Entladung wie ein starker Blitz wirken. Dabei zeigte er, daß man Wasser auch durch den Entladungsstrom einer Leidener Flasche zersetzen kann. Für die von ihm genau untersuchte chemische Wirkung elektrischer Ströme konnte er das wichtige elektrolytische Grundgesetz aufstellen: „Gleiche Mengen Elektrizität zerlegen äquivalente Mengen der Elektrolyten." Letztere Bezeichnung ebenso wie: Anode, Kathode, Elektrode, Ionen, Anion, Kation usw. hat Faraday geschaffen, um eine präzise Ausdrucksweise zu ermöglichen. Über den eigentlichen Zersetzungsvorgang, die Wanderung der Ionen, liegen Arbeiten von Grothuß (1785—1822) 1820 und Hittorf (g. 1824) 1853 ff. vor,

auf die (1887) Svante Arrhenius (g. 1859) zurück-
gekommen ist.

Faraday erkannte auch, daß die Menge zersetzter Substanz der Stromstärke proportional ist, und gründete darauf
sein Voltameter, für das er die mannigfachsten, noch heute
üblichen Formen angab. Veranlaßt durch seine elektrochemischen Studien, griff er in den bis in die sechziger Jahre
währenden Streit zwischen der reinen Kontakttheorie und
der chemischen Theorie für die Elektrizitätserregung besonders beim Voltaschen Fundamentalversuch ein und vertrat mit aller Energie (1840) die Ansicht, daß ein chemischer
Prozeß die Ursache der Elektrizitätserzeugung sei, die Kontakttheorie postuliere „die Erschaffung einer Triebkraft aus
Nichts", was widersinnig sei. Schönbein (1799—1868) gab
dann (1844) eine vermittelnde Theorie, der sich Helmholtz
(1847) und nach ihm auch die andern Physiker anschlossen.

Auf Grund der elektrochemischen Forschungen Faradays
konnte man an die Herstellung konstanter Elemente herantreten, nachdem schon Ritter und nach ihm (1826)
Marianini (1790—1867) die Schwächung der Voltaschen
Säule durch Polarisation bemerkt hatten. Das (1830) von
Sturgeon (1783—1850) eingeführte Amalgamierungsver-
fahren sollte keine Konstanz der Batterie, sondern nur eine
Herabsetzung des Zinkverbrauchs ermöglichen. Daniell
(1790—1845) baute sein bekanntes Element im Jahre 1836,
benutzte aber als Scheidewand eine Ochsengurgel, die bald
darauf von Gassiot (1797—1877) durch eine poröse Ton-
zelle ersetzt wurde. Zum Anbringen der Leitungsdrähte gebrauchte man noch Quecksilbernäpfe, erst Poggendorff
gab (1840) die zweckmäßige Klemmschraube an. Meidinger
(g. 1831) modifizierte 1859 das Element Daniells in bekannter
Weise. Grove (1811—96) benutzte bei seinem Element (1839)
zuerst rechteckige Gefäße, während Poggendorff (1841) sie
durch zylindrische ersetzte und das S-förmige Platinblech einführte. Cooper nahm an Stelle des teuren Platins Graphit
oder Kohle (1840) und Schönbein im gleichen Jahre Retortenkohle. Das Verdienst von Bunsen besteht darin, daß er
eine besonders brauchbare Kohle für das Element angab,
die dem Platin in der Spannungsreihe sehr nahe kommt (1841).
Hawkins benutzte (1840) an Stelle von Platin oder Kohle

das Eisen, was durch die (1837) von Schönbein „Passivität" genannte Eigenschaft dieses Metalles möglich ist. Bunsen verwendete an Stelle der Salpetersäure (1841) Chromsäure, die von besonderer Wichtigkeit durch die Flaschenelemente (Grenet 1856) und die Tauchbatterien geworden ist. Recht zweckmäßig für Klingeln, Telephone usw. ist das Element (1868) von Leclanché (1839—82), das in dem „Trockenelement" des Doktors Gaßner (1888) eine äußerst handliche Form bekommen hat. Außer der Batterie des Engländers Smee (1818—77) nennen wir noch die Chlorsilberelemente, die auf Pincus (1868) zurückgehen.

Nur für Maßzwecke ist das Kalomelelement von Helmholtz (1882) bestimmt, sowie das Normalelement (1878) von Latimer Clark, für das Rayleigh 1884 die zweckmäßigere H-Form angegeben hat. Im gleichen Jahre ersetzte Czapski — und nach ihm Weston 1893 — das Zink durch Kadmium und verringerte dadurch den Temperatureinfluß.

Unsere frühere Darstellung hat Faradays Schaffen noch lange nicht erschöpft. Er untersuchte z. B. (1838) die Wirkungsweise der elektrischen Kräfte. Während man früher eine reine Fernwirkung, eine „actio in distans", für möglich angesehen hatte — nicht nur für die Gravitation nach dem Vorgange Newtons, sondern auch für die Elektrizität —, erkannte Faraday vielmehr, daß die Erscheinung der Influenz sehr wesentlich von dem Medium, dem „Dielektrikum", abhängt, wie er an einem Verteilungsapparat ermittelte, der mit den verschiedensten isolierenden Stoffen gefüllt werden konnte. Es gelang Faraday, damit „die Stärke des spezifischen Induktionsvermögens" [Dielektrizitätskonstante] für eine größere Reihe von Substanzen zu bestimmen. Im Jahre 1839 erforschte er auch die verschiedenen Arten der vom Dielektrikum abhängigen Entladung und legte damit den Grund zu den späteren Versuchen über den Durchgang der Elektrizität durch den leeren Raum. Sein Ausspruch, daß wir dem Studium der Entladungserscheinungen noch wichtige Aufschlüsse ver-

danken werden, bestätigt sich in unseren Tagen. Die Einwürfe, die besonders von deutschen Physikern, vor allem
von P. Th. Rieß (1805—83), gegen Faradays Ansichten
vom Dielektrikum geltend gemacht wurden, widerlegten
sich in der Hauptsache selbst.

Faraday nahm erst später diese Arbeiten wieder auf.
Er gab noch vorher (1838) den bekannten Beweis für den
Sitz der Elektrizität auf der Oberfläche eines Leiters mit
einem aus Drahtnetz und Stanniol gefertigten Würfel von
3 m Seitenlänge, in dem er, mit sehr feinen Elektroskopen
versehen, trotz starker Elektrisierung der Wände nicht
die geringste Spur von Elektrizität nachweisen konnte.

Eine Arbeit von 1843 gibt eine Erklärung der Dampf-
elektrizität. Im Jahre 1840 hatte nämlich ein Maschinen-
wärter bei Newcastle on Tyne einen elektrischen Schlag
erhalten, als er mit der einen Hand das Sicherheitsventil
eines Dampfkessels erfaßte und gleichzeitig die andere
Hand in ausströmenden Dampf hielt. Armstrong hatte
dann gezeigt, daß Dampf, der aus einer isolierten Lokomotive entweicht, positiv, der Kessel aber negativ elektrisch ist, und darauf die Einrichtung seiner „Dampfelek-
trisiermaschine" (1843) gegründet.

Faraday war durch seine Studien über den Einfluß
des Dielektrikums auch auf die Frage nach dem Einfluß
des Mediums bei der Magnetisation geführt worden. Sein
erster Erfolg war die Entdeckung der elektromagnetischen
Drehung der Polarisationsebene des Lichts (1846) in einer
Reihe von Substanzen. Die Drehung war am stärksten
für Faradays Kristallglas [Borosilikat von Blei], das Ergebnis einer chemischen Arbeit der Jahre 1825—30.
Faraday vertrat die Ansicht, der Magnetismus wirke bei
seinen Versuchen direkt auf den Lichtäther, und redete
daher von einer „magnetization of light". Die nächste

Arbeit Faradays bezieht sich auf den „Diamagnetismus".
Die bezüglichen Tatsachen waren schon früher gelegentlich bemerkt worden. Brugmans in Leiden (1763 bis
1819) hatte nämlich eine Abstoßung des metallischen
Wismuts von den Magnetpolen bemerkt, wenn er diese
Substanz auf Wasser oder Quecksilber in einem Schiffchen schwimmen ließ. A. C. Becquerel hatte (1827)
die entsprechende Beobachtung auch für Antimon mit dem
Sideroskop von Lebaillif (1827) gemacht.

Als Faraday ein Stück seines Kristallglases zwischen
die Pole eines kräftigen Elektromagneten brachte, stellte
es sich nicht wie Eisen in die Verbindungslinie der Pole
(„axial"), sondern senkrecht dazu („äquatorial"). Substanzen, die sich ebenso verhielten wie das Glas, nannte
er „diamagnetisch", alle übrigen „paramagnetisch". Es
gelang ihm zu zeigen, daß sich alle Substanzen hinsichtlich der Magnetisierbarkeit in diese zwei Gruppen einteilen lassen (1846—48). Die Arbeit über „Magnetkristallkräfte" (1849) lieferte das Resultat, daß nicht die
äußere Form, sondern die optischen Achsen die para-
bzw. diamagnetische Eigenschaft einer Substanz hervorrufen. Damit war ein neuer Zusammenhang zwischen
Optik und Magnetismus bzw. Elektrizität aufgefunden.

Indem Faraday die Magnetkraftlinien in die Physik einführte (1852), ging er über den traditionellen Begriff der
Kräfte hinaus und schuf über deren Wirkungen gänzlich neue
Anschauungen, mit deren Ausgestaltung wir uns hier jedoch
nicht befassen dürfen, weil sie uns in die außer dem Rahmen
dieser Schrift liegende Entwicklungsgeschichte der physikalischen Prinzipien führen würde. Ebendeshalb beschränken wir uns hinsichtlich der eng mit Faradays Kraftlinienlehre zusammenhängenden Potentialtheorie und des Weberschen Gesetzes auf kurze Angaben. Nach der theoretischen
Arbeit von Poisson (1781—1840) „über die Verteilung der
Elektrizität auf der Oberfläche von Leitern" (1811) machte

erst **Green** (1793—1841) die mathematische Analyse der theoretischen Elektrostatik dienstbar (1828), woran sich tüchtige Arbeiten von Gauß (1839), sowie von Kirchhoff, Clausius und Helmholtz anschlossen, die die große Bedeutung des Potentialbegriffs für die Elektrizitätslehre dartaten und zeigten, wie man selbst an die schwierigsten Probleme herantreten kann. Untersuchungen über die Gültigkeit des früher erwähnten elektrodynamischen Grundgesetzes von Ampère gaben den Ausgangspunkt zu den Arbeiten von W. **Weber** (1804—91), die ihn zu seinem berühmten elektrischen Kraftgesetz führten, das eine Flut neuer Arbeiten erzeugte, die bald dafür, bald dagegen waren oder Erweiterungen lieferten. Es beteiligten sich besonders **Franz Ernst Neumann** (1798—1894) und sein Sohn **Karl** (g. 1832), ferner **Helmholtz, Clausius, B. Riemann** (1826—66), **Edlund** (1819—82) und **Hankel** (1814—98).

Daß der Potentialbegriff auch für den Magnetismus verwendbar ist, zeigte Gauß, dem wir zugleich schätzenswerte Aufschlüsse über den Erdmagnetismus verdanken, was besonders durch die von **Gauß** und **A. v. Humboldt** veranlaßte Gründung des Magnetischen Vereins ermöglicht wurde. Die „Resultate aus den Beobachtungen des magnetischen Vereins 1836—41" (Göttingen), herausgegeben von Gauß und Weber, belehren uns über die eingeschlagenen Wege und die eigens dafür erfundenen Apparate: das Unifilar- und das Bifilarmagnetometer von Gauß (1837 u. 38) und das Inklinatorium von Weber (1837). Man findet dort auch die Theorie des Erdmagnetismus von Gauß und dabei die Angabe, der magnetische Südpol müsse in der Inselwelt der nordwestlichen Durchfahrt liegen. Der Mathematiker **Hansteen** (1784—1873) hatte diesen Punkt früher vergeblich gesucht, am 1. Juni 1841 entdeckte ihn **John Roß** (1777—1856) auf Boothia Felix.

Früher hatte man die magnetischen Werte nur auf relative Größen zurückgeführt; erst Gauß bezog sie auf Länge, Maße und Zeit[1] und wählte als Grundlage für das „absolute Maßsystem" Millimeter, Milligrammaße und Sekunde. Später nahm man bequemer die Centimeterlänge, Grammaße und Sekunde (C-G-S.-System).

---

[1] „Intensitas vis magneticae terrestris ad mensuram absolutam revocata." Comment. soc. reg. Gotting. recent. VIII. 1832.

Jacobi (1801—74) hatte 1846 für die Elektrizität als Widerstandseinheit einen Kupferdraht von bestimmten Größenverhältnissen in Benutzung gebracht, die sich jedoch wenig bewährte. Werner Siemens (1816—92) schlug dann 1860 die nach ihm benannte Quecksilbereinheit vor. Eine von der British Association for advancement of science und der Royal Society eingesetzte Kommission (1861) nahm das Zehnmillionfache der von Weber vorgeschlagenen absoluten Einheit des Widerstands (im Mm-Mg-S.-System) an. Der internationale Elektrikerkongreß zu Paris (1881) akzeptierte dann das Tausendmillionfache der absoluten Widerstandseinheit des C-G-S.-Systems. Daraus ergaben sich dann alle übrigen Einheiten, womit sich der internationale Elektrikerkongreß zu Paris (1889) endgültig einverstanden erklärte. An der Bestimmung des Ohm hat eine große Reihe von Forschern gearbeitet. Außer schon erwähnten nennen wir: 1874 Fr. Kohlrausch (g. 1840), 1882 Dorn (g. 1848), Glazebrook, Rayleigh, 1883 Wild, 1884 G. Wiedemann (1826 bis 1898), Fr. Weber, Roiti, 1885 Lorenz, Himstedt (g. 1852) u. a. m.

Unsere amtlichen Bestimmungen über die Werte der elektrischen Einheiten stammen aus Resolutionen (1893) des Kuratoriums der 1872 gegründeten Physikalisch-technischen Reichsanstalt in Berlin-Charlottenburg. Ein Gesetz vom 1. Juli 1898 mit Ausführungsbestimmungen vom 6. Mai 1901 hat für Deutschland die technischen Einheiten festgelegt.

Aus der riesigen Reihe elektrischer Meßinstrumente, deren wir gleich hier gedenken wollen, können wir natürlich nur wenige nennen, so für elektrostatische Arbeiten das Sinuselektrometer (1853) von R. Kohlrausch (1809—58), das absolute und das Quadrantelektrometer (1855) von William Thomson und das Kapillarelektrometer von Lippmann (1873), ferner die Elektroskope von Exner (g. 1849) 1887 und F. Braun (g. 1850) 1887. Bei empfindlichen Galvanometern mißt man nach dem Vorgang von Poggendorff (1826) die Ausschläge der Magnetnadel durch Spiegelablesung. Wir führen hier einige der seit 1852 konstruierten Galvanometer an, die von G. Wiedemann (1853), Deprez (g. 1843) und d'Arsonval (1882), H. Dubois und Rubens (1893) und endlich von Quincke (1893). Aus der Reihe der Elektrodynamometer verzeichnen wir diejenigen von W. Weber (1846), Fröhlich (1878), Hill (1880),

Maxwell (1881), sowie Siemens und Halske (1881). Sehr verbreitet für elektrische Kraftanlagen ist der Strommesser von Hummel (1884).

Zum Zwecke erleichterter Verständigung hatten Gauß und Weber einen elektrischen Telegraphen eingerichtet. Die Versuche, die Elektrizität zur Zeichengebung zu verwenden, ist sehr alt; Schriften des achtzehnten Jahrhunderts enthalten die absonderlichsten Vorschläge in dieser Richtung. Im Jahre 1796 probierte Dr. Salva in Madrid einen Telegraphen, bei dem Funkenzeichen gegeben wurden. Er fand jedoch ebensowenig praktische Verwertung als der 1798 von Augustin de Bétancourt zwischen Madrid und Aranjuez eingerichtete, bei dem Leidener Flaschen benutzt wurden. Erst Sömmering (1755—1830) bediente sich des galvanischen Stromes bei seinem Telegraphen folgender Einrichtung (1809): 27 Leitungsdrähte verbinden die beiden Stationen und münden am Empfangsapparat in einem mit angesäuertem Wasser gefüllten Glastroge. Verband man am Aufgabeort zwei der Drähte, von denen jeder einem Buchstaben entspricht, mit den Polen einer Voltaschen Säule, so stiegen im Empfangsapparat an den entsprechenden vergoldeten Drahtenden Gasblasen auf. Da auf diese Weise stets zwei Buchstaben gleichzeitig telegraphiert werden konnten, sollte derjenige vorangehen, bei dem die stärkere Entwicklung von Gas (Wasserstoff) erfolgte.

Statt der unbequemen Wasserzersetzung schlug Ampère 1820 die Ablenkung der Magnetnadel zum Telegraphieren vor. Es sollten so viel Leitungsdrähte und Magnetnadeln als Buchstaben benutzt werden. Dem Instrumente Sömmerings gegenüber bedeutete dieser Vorschlag keine wesentliche Verbesserung, immerhin gab er den Grundgedanken für all jene Telegraphensysteme, die sich der ablenkbaren Magnetnadel bedienen. Die erste derartige telegraphische Anlage war die obenerwähnte von Gauß und Weber zwischen der Sternwarte und dem physikalischen Institut der Universität Göttingen (1833). Bei ihrem Telegraphen wurde die Nadel in einem Magnetometer durch induzierte oder galvanische Ströme unter Benutzung eines Stromwenders abgelenkt. Indem man die Ausschläge nach rechts und links zu vier, drei oder zwei kombinierte oder allein nahm, erhielt man 30 verschiedene Zeichen für Zahlen und Buchstaben. Die Nachteile der bis jetzt besprochenen Telegraphen bestanden darin, daß die Zeichen nicht selbsttätig notiert werden konnten. Dies erreichten erst Steinheil und Morse.

Karl August Steinheil (1801—70) beschäftigte sich auf den Vorschlag von Gauß und Weber, denen es an der Zeit dazu fehlte, mit der Vervollkommnung des Telegraphen (1837). Durch zwei ablenkbare Magnetnadeln, die am Ende kleine Zeichenstifte hatten, konnten auf einem bewegten Papierstreifen die einzelnen Zeichen aufgeschrieben werden, die aus Punkten in zwei Reihen angeordnet bestanden, z. B.

$$a = .\quad .\qquad b = .\quad .\qquad c, k = .\quad .\qquad d = .$$

Steinheil erprobte seinen Telegraphen an drei Stationen, dem physikalischen Kabinett der Akademie zu München, der Sternwarte zu Bogenhausen und seinem Wohnhause zu München. Als er 1838 die Schienen der Bahnlinie Nürnberg—Fürth als Leitung zu benutzen versuchte, bemerkte er, daß der Strom oft von einer Schiene durch die Erde zur andern überging. Dadurch veranlaßt, führte er die Erdplatten und die sog. Erdleitung ein.

Bei dem Apparate des amerikanischen Malers Morse (1791—1872) 1837 zog ein Schreibstift auf einem bewegten Papierstreifen eine gerade Linie. Bei Stromschluß wurde dieser Stift durch einen erregten Elektromagneten nach der Seite abgelenkt. War der Strom kürzer oder länger geschlossen, so entstand auf dem Papierstreifen eine Spitze oder eine kurze Gerade. Aus diesen beiden Elementarzeichen setzt sich das ganze Alphabet zusammen, von dem wir hier zwei Buchstaben angeben:

Morse hat diesen Apparat, weil zu unpraktisch, bald umgestaltet; die Form, die die meisten unserer Physikbücher anzugeben pflegen, stammt aus dem Jahre 1840.

Im Jahre 1835 führte der russische Staatsrat Pawel Lwowitsch Schilling von Canstadt (1786—1857) seinen Nadeltelegraphen auf der Naturforscherversammlung zu Bonn vor. Es wird behauptet, er habe ihn schon 1832, also vor Gauß und Weber erfunden, doch ist dies noch nicht sicher festgestellt. Sein Instrument diente den Fünfnadeltelegraphen von Wheatstone und Cooke als Vorlage. Beide haben auch einen Signaltelegraphen ersonnen, den Robert Stephenson Eisenbahnzwecken dienlich machte. Wheatstone ersann 1839 noch einen 1841 verbesserten Zeigertelegraphen, der sich gelegentlich in älteren physikalischen Sammlungen vorfindet. Der 1845 von Wheatstone und Cooke angegebene Telegraph mit einem Zeiger ist noch heute in England gebräuchlich.

Im Jahre 1846 konstruierte Werner von Siemens (1816—92) einen Zeigertelegraphen mit Selbstunterbrecher, bei dem als Elektrizitätsquelle ein Zylinderinduktor fungiert. Man hat diesen Apparat besonders zu Eisenbahnzwecken, für Feuermelder usw. gewählt.

Mit der Ausgestaltung des Fernschreibers trat man auch an das Problem des Kopiertelegraphen heran. Bain (1818—77) versuchte 1842 einen solchen, ebenso Bakewell und 1853 Gintl (1804—83). Bekannter ist der Pantelegraph von Caselli (1815—91) aus dem Jahre 1855 geworden. Neuerdings (1902 ff.) liegen einschlägige Versuche von Dr. Artur Korn in München vor. Mit der Konstruktion von Apparaten, die das Telegramm gleich drucken, befaßte man sich verhältnismäßig früh, z. B. 1837 Vail, 1841 Wheatstone, 1847 Morse. Brauchbar ist aber erst der sehr kompendiöse Typendrucktelegraph (1855) von Hughes (1831—1900) geworden. Er druckt etwa 150 Buchstaben (25 Worte) in einer Minute, während der Morseapparat in der gleichen Zeit nur 100 Buchstaben (16 Worte) schreibt. Ohne auf die weiteren Versuche zur Erhöhung der Telegraphiergeschwindigkeit einzugehen, nennen wir hier nur noch den Schnelltelegraphen von Pollák und Virág (1899 ff.), der im Durchschnitt 50000, ja sogar 100000 Wörter in einer Stunde befördern kann und sie am Empfangsort in lateinischer Buchstabenschrift wiedergibt. Vielleicht gelingt es dereinst unter Benutzung der Pupinspulen (1899), diesen Apparat auch in die Dienste der transmarinen Telegraphie zu stellen. Bis jetzt ist man hierfür immer noch auf den Siphon-Recorder (Heberschreiber) von William Thomson angewiesen, bei dem das Telegramm in Wellenschrift notiert wird.

Während bei dem Telegraphen von Gauß und Weber der nackte Kupferdraht über Stangen und Dächer geleitet wurde, benutzte man seit 1852 den von Werner Siemens 1848 angegebenen Glockenisolator zur Drahtbefestigung, der dann

Ende der fünfziger Jahre durch den Doppelglockenisolator des damaligen Chefs der preußischen Telegraphie von Chauvin verdrängt wurde. Im Jahre 1837 hatte schon Wheatstone den Wunsch, England und Frankreich submarin zu verbinden, und 1843 machte Morse den gleichen Vorschlag für England und Amerika. Doch kannte man kein passendes Isolationsmaterial. Als die aus dem eingetrockneten Milchsaft der Isonandra gutta hergestellte Guttapercha bekannt wurde, und Siemens 1848 bei Sprengung von Seeminen im Hafen zu Kiel bei damit umhüllten Kabeln guten Erfolg hatte, nahm man das Problem der Unterseetelegraphie wieder auf. Das erste Kabel wurde zwischen England und Frankreich nach einem Mißerfolg am 25. September 1851 durch J. W. Brett gelegt, und ist heute noch in Betrieb. Der zähen Energie des Amerikaners Cyrus Field (1819—92) verdankt man das erste transatlantische Kabel, das man am 6. August 1857 zu legen begann. Da der Versuch mißlang, versuchte man es 1858 nochmals. Am 5. August 1858 waren Alte und Neue Welt verbunden. Noch im gleichen Monat fing das Kabel an zu versagen, und bereits am 1. September war es völlig unbrauchbar. Mit der Legung des dritten Kabels begann man am 22. Juli 1865. Am 2. August riß es und versank. Nach 15 Stunden hatte man es wieder erfaßt, da riß es nochmals und verschwand in der Tiefe. Am 7. Juli 1866 begann man mit der Verlegung eines vierten Kabels und kam damit am 27. Juli gut zu Ende, so daß man ermutigt nun nochmals nach dem Kabel von 1865 suchte, was auch von Erfolg begünstigt war. Am 8. September 1866 war auch diese zweite andauernd betriebsfähige Verbindung zwischen Europa und Amerika vollendet. Die Zahl der Kabel nahm rasch zu. Im Jahre 1902 betrug die Länge aller submarinen Kabel 326 000 km. Davon befanden sich etwa 60 Prozent in britischen Händen.

Auch der Gedanke an einen Fernsprecher ist alt. Bei Hooke (1667) findet sich bereits eine Idee, die von Weinhold (g. 1841) zu seinem Fadentelephon ausgestaltet worden ist (1870). Der erste, der daranging, die Elektrizität zur Übermittlung der Sprache nutzbar zu machen, war der Lehrer Philipp Reis (1834—74), veranlaßt durch das Studium des Gehörmechanismus. 1860 erfand er seinen Apparat, bei dem durch Öffnen und Schließen eines Stromes in einer Draht-

spule ein eingesteckter Eisenstab Longitudinaltöne gab.
Diese Erscheinung war 1844 von Marrian entdeckt worden,
nachdem 1838 Page (1812—68) auf folgende Weise Töne
durch Magnetisierung hervorgerufen hatte. Er ließ nämlich
durch eine Drahtspirale zwischen den Polen eines Hufeisenmagneten einen Strom fließen und hörte nun bei jedem Öffnen
und Schließen einen Ton, den Schwingungen der Magnet-
schenkel entstehen ließen.

Reis verbesserte zwar sein Telephon — der Name
stammt von Wheatstone, der einen akustischen Apparat so
nannte — mehrfach; er hat insgesamt zehn Geber und
vier Empfänger konstruiert. Er fand aber nirgends Unterstützung, ja, seine wissenschaftliche Abhandlung über das
Telephon wurde sogar von der Redaktion der. Poggendorff-
schen Annalen zurückgewiesen. Kurz vor seinem Tode, der
ihn aus ärmlichen Verhältnissen erlöste, sagte er zu einem
Bekannten: „Ich habe der Welt eine große Erfindung ge-
schenkt; anderen muß ich überlassen, sie weiterzuführen".
Der Ruhm einer brauchbaren Konstruktion des Fernsprechers
blieb, dank der mangelnden Unterstützung von Reis in Deutschland, einem Amerikaner vorbehalten. Im Jahre 1876 führte
nämlich der Taubstummenlehrer Graham Bell (g. 1847) aus
Boston auf der Weltausstellung zu Philadelphia sein Magnet-
induktionstelephon vor, das in den meisten unserer Physikbücher beschrieben ist. Die Elektrotechnik hat in der nächsten Zeit manche Verbesserung daran geschaffen. Man benutzt es heute eigentlich nur noch als „Hörer", während man
als „Sprecher" das Mikrophon gebraucht, bei dem Strom-
schwankungen durch Widerstandsänderungen an beweglichen Kohlestückchen erzeugt werden. Gewöhnlich schreibt
man dies Instrument dem vorhin genannten Hughes zu, der
es am 17. Mai 1878 angab, während Dr. Robert Lüdtge in
Berlin schon am 12. Januar 1878 sein deutsches Patent dafür
erhalten hatte. Die Ausgestaltung des Telephons durch die
Postverwaltung gehört nicht hierher; es sei noch erwähnt,
daß die erste Fernsprechleitung 1877 zu Berlin angelegt worden ist.

Im Jahre 1873 benutzte der Elektriker Willoughby
Smith das Metall Selen zur Prüfung von submarinen Kabeln.
Dabei beobachtete sein Assistent May, daß sich der Wider-
stand des Selens bei Belichtung ganz bedeutend verringert.

Bell benutzte mit seinem Freunde Tainter die neuentdeckte Erscheinung bei seinem „Photophon". Man spricht dabei gegen ein dünnes Spiegelchen, das Licht nach der Empfangsstation reflektiert. Dort nimmt eine Selenzelle die Lichtschwankungen auf, setzt sie in Änderungen des Widerstands und damit der Stromstärke um und übermittelt diese einem ans Ohr gehaltenen Belltelephon.

Diese „drahtlose Telephonie" erhielt einen zweckmäßigeren Absendeapparat in der „sprechenden Bogenlampe" 1897 von Simon, deren Einrichtung bekannt ist. Verbessert wurde der Empfänger durch Selenzellen, die Ernst Ruhmer in Berlin neuerdings äußerst lichtempfindlich herzustellen gelehrt hat. Ihm gelang es auch, die Lichtschwankungen der sprechenden Bogenlampe auf einen Kinematographenfilm zu photographieren. Damit kann man dann wieder Oszillationen des Widerstands einer Selenzelle hervorbringen, was gestattet, die „sprechende Photographie" mit einem Telephon abzuhören. Neben diesem „Photographon" Ruhmers erwähnen wir noch das Telegraphon (Telephonograph) des Dänen Waldemar Poulson (1900 f.). Bei dieser Einrichtung werden unsichtbare magnetische Zeichen auf einem Stahlband gesammelt, indem ein Elektromagnet durch Stromstöße eines Telephons in einem vorbeigleitenden Stahlbande stärker oder schwächer magnetisierte Stellen hervorbringt. Diese erzeugen dann umgekehrt wieder in einem vorbeigleitenden Elektromagneten Stromstöße, die durch ein Telephon dem Ohre übermittelt werden. Der Däne P. O. Pedersen wies nach, daß ein und dasselbe Stahlband sogar mehrere Gespräche aufzunehmen vermag. Soll der Apparat zur Empfangnahme eines neuen Gesprächs usw. hergerichtet werden, so genügt es, mit einem Elektromagneten die auf dem Stahlband sitzende „Magnetschrift auszulöschen". Das Telegraphon soll besonders dazu dienen, Telephongespräche, also z. B. Geschäftsaufträge anzunehmen, wenn der Empfänger gerade abwesend ist.

Die Entdeckung Faradays, daß man magnetische Energie durch Bewegung in Elektrizität umsetzen kann, hatte die alsbaldige Konstruktion von stromerzeugenden Maschinen zur Folge. Als erste kann man eigentlich jenen Apparat Faradays ansehen, bei dem eine Kupfer-

scheibe zwischen den Polen eines Magneten rotierte.
Eine kräftigere Wirkung erzielte man mit den nahezu
übereinstimmend gebauten (Wechselstrom-) Maschinen von
Dal Negro (1768—1839) und Pixii aus dem Jahre
1832. Mannigfache Verbesserungen gaben Ritchie
(†1837) und Saxton im Jahre 1833, sowie Clarke
(1836), E. Stöhrer (1813—90) 1844 und Petrina
(1799—1855) 1845. Clarke, Poggendorff und Stöhrer
gaben passende Kommutatoren, so daß man auch gleich-
gerichtete Ströme gewinnen konnte. Als besonders kräftige
magnetelektrische Maschinen galten die der französischen
Gesellschaft „L'alliance", deren Leistungen aber zur Größe
usw. in gar keinem Verhältnis standen; sie blieben aber
doch bis etwa 1878 im Gebrauch. Werner Siemens baute
1857 eine magnetelektrische Maschine mit einem Zylinderinduktor. Professor Wilde in Manchester benutzte
diese Maschine als „Generator" für einen Elektromagneten, mittels dessen er dann durch Magnetinduktion
Strom erzeugte (1866). Siemens wies nach, daß eine
solche Erregermaschine überhaupt entbehrt werden kann,
und sprach (1867) sein 1866 gefundenes berühmtes
„dynamoelektrisches Prinzip" aus. Er schreibt darüber
an seinen Bruder Wilhelm: „Die Effekte müssen bei
richtiger Konstruktion kolossal werden. Die Sache ist
sehr ausbildungsfähig und kann eine neue Ära des Elektromagnetismus anbahnen."
    14 Tage nach Siemens publizierte auch Wheatstone
das dynamoelektrische Prinzip. Die Priorität gebührt also
jedenfalls unserem Landsmanne. Die erste Maschine, bei
der der neue Grundsatz zur Verwendung kam, war 1867 auf
der Weltausstellung zu Paris durch den Engländer Ladd
ausgestellt. Im Jahre 1860 hatte der junge Pacinotti
(† 1841) den sog. Ringinduktor erfunden, den dann 1869

Z. Th. Gramme (1826—1901) für die erste, kontinuierlichen Gleichstrom erzeugende, dynamoelektrische Maschine benutzte. F. v. Hefner-Alteneck (geb. 1845) ersetzte den Ring 1873 durch seinen Trommelanker. Die erste eingehende Theorie für die bei der Dynamomaschine auftretenden Verhältnisse gab O. Fröhlich 1886; ihre experimentelle Prüfung hatte er in der Fabrik der Firma Siemens & Halske (gegründet 12. X. 1847) vorgenommen.

Von den für die Technik hochwichtigen Mehrphasenströmen (Tesla 1887) gedenken wir besonders des dreiphasigen oder Drehstroms — wie ihn v. Dolivo-Dobrowolsky (geb. 1861) nicht sehr glücklich bezeichnete —, der sich vorzüglich zum Betrieb von Motoren eignet. An das Problem, durch elektrische Kraft eine Bewegung zu erzeugen, war schon 1830 Dal Negro (1768—1839) herangetreten. Verwertbar war jedoch erst der von M. H. Jacobi (1801—74) konstruierte Motor von $3/4$ Pferdestärke, bei dem vor einem System von festen Elektromagneten ein System beweglicher rotierte, die durch einen Kommutator ständig die Pole wechselten. 1838 konnte Jacobi mit dieser Maschine unter Verwendung von 320 Kupfer-Zinkelementen ein mit zwölf Personen besetztes Boot auf der Newa bewegen. Der noch zu erwähnende J. P. Wagner (1799—1879) in Frankfurt versuchte sich an einer elektrischen Lokomotive und erhielt dafür am 22. April 1841 durch den Bundestag 100 000 Gulden zugesichert, die aber am 13. Juni 1844 wegen Nichterfüllung gewisser Bedingungen widerrufen wurden. An solche Probleme konnte man erst mit Erfolg herantreten, als man erkannt hatte, daß eine dynamoelektrische Maschine beim Einleiten von Strom als Motor läuft. Auf der Gewerbeausstellung zu Berlin 1879 führten Siemens & Halske die erste elektrische Eisenbahn vor, bei der die Stromzuleitung durch eine Mittelschiene, die Ableitung durch die eigentlichen Schienen erfolgte. Bei der Bahn nach Lichterfelde (1881) benutzte man die beiden Schienen zur Hin- und Rückleitung. Die elektrischen Bahnen haben zweifellos eine vielversprechende Zukunft, erreichte man doch am 6. X. 1903 auf der Militärbahn Marienfelde-Zossen bei Berlin bei einer der zahlreichen Versuchsfahrten eine stündliche Geschwindigkeit von 200 Kilometern.

Da sich die elektrische Energie durch Drahtleitung in die Ferne führen und dort zu Motorbetrieb usw. verwenden läßt, hat die Elektrotechnik an einer solchen elektrischen Kraftübertragung ein hohes Interesse. Die erste derartige (Gleichstrom-) Anlage erfolgte mittels eines Telegraphendrahtes durch Marcel Deprez (geb. 1843) auf der 2. internationalen Elektrizitätsausstellung zu München (1882) auf eine Entfernung von 60 km mit einem Wirkungsgrad von 25 %. Deprez versuchte 1886 nochmals das Problem mit Gleichstrom hoher Spannung, du Bois-Reymond 1889 mit Wechselströmen. Die bekannteste Kraftübertragung erfolgte unter von Dolivo-Dobrowolsky von Lauffen am Neckar nach Frankfurt a. M. zur elektrischen Ausstellung 1891 unter Verwendung von Drehstrom. Man erzielte ein Güteverhältnis von 72 %. Natürlich wurde der Strom in Lauffen hinauf- und in Frankfurt herabtransformiert. Der Ingenieur Gaulard in England baute 1880 den ersten Transformator für die Technik, den dann 1882 der Ingenieur Blathy zu Budapest weiter vervollkommnete.

Bekanntlich wirken Ströme hoher Spannung bei Berührung lähmend und sogar tötend auf den menschlichen Körper. In Amerika macht man davon einen widerwärtigen Gebrauch bei den elektrischen Hinrichtungen, deren

erste seit der Einführung durch die Lex Gerry (New-
York 1887) am 6. Aug. 1890 stattfand. Im Jahre 1903
hat Professor N. Artemieff in Kiew eine Schutzkleidung
aus Metallgaze angegeben, mit der Ströme höchster Spannung gefahrlos berührt werden können, was für elektro-
technische Arbeiten von hoher Bedeutung ist. Besonderes
Interesse gewährt der Umstand, daß die „Hochfrequenz-
ströme", die zuerst Nicola Tesla (geb. 1856) erzeugte,
und die wir zur Demonstration leicht mit dem Instru-
mentarium von Elster (geb. 1854), Geitel (geb. 1855)
und Himstedt herstellen, physiologisch so gut wie un-
wirksam sind.

Zum Aufspeichern elektrischer Energie leisten der Elektrotechnik die sekundären Elemente oder Akkumulatoren, deren
Idee auf den Militärarzt W. J. Sinsteden (1854) zurückgeht, sehr gute Dienste. Gaston Planté (1834—89) hat dann
1859 solche Elektrizitätssammler zuerst konstruiert, Camille
Faure sie (1882) durch den Mennigüberzug der Bleiplatten
wesentlich vervollkommnet.

Wir schließen gleich hier ein weiteres wichtiges Verwen-
dungsgebiet der Elektrolyse an, die sog. Galvanoplastik.
Daniell hatte beobachtet, daß die Kupferplatte seines Elements bei Gebrauch dicker wird, daß sich neues Metall als
zusammenhängende Masse absetzt und alle Erhöhungen und
Vertiefungen der Platte, z. B. Feilstriche, (allerdings negativ)
wiedergibt. Im September 1836 hatte de la Rive dasselbe
bemerkt, und Jacobi machte im Februar 1837 darauf aufmerksam, daß man damit Gegenstände nachbilden kann.
Die Anweisung dazu legte er 1840 in einem Werke „Die Galvanoplastik" nieder. Böttger (1806—81) in Frankfurt a. M.
vervielfältigte danach 1841 Kupferstiche. Wright gewann
zuerst (1840) Gold und Silber aus den Lösungen ihrer Doppel-
cyanide, Smee (1842) Antimon, Blei, Eisen, Platin und Zink
aus den Lösungen ihrer Salze. Dies ermöglicht, einen Gegenstand entweder in einem Metall zu vervielfältigen oder mit
einem Metallüberzug zu versehen. In den Werkstätten für
Galvanoplastik und Galvanostegie [z. B. von Christofle seit
1842] macht man von diesen Verfahren ausgiebigen Gebrauch

für kunstgewerbliche Zwecke. Scheidet man ganz dünne
Metallschichten auf elektrolytischem Wege unter geeigneten
Versuchsbedingungen ab, so bilden sich die Farbringe von
Nobili (1826), mit deren Erforschung sich 1829 Fechner
(1801—87) und 1837 Faraday befaßten.

Auf die früher schon erwähnten Wärmewirkungen des
elektrischen Stromes müssen wir nochmals zurückkommen,
schon mit Rücksicht auf die elektrische Beleuchtung, die erst
durch die Dynamomaschine und die dadurch verbilligten
Stromerzeugungskosten ihre Bedeutung erlangt hat. Joule
gab im Jahre 1841 sein wichtiges Gesetz über Stromwärme
und Stromeffekt, womit sich in der Folge 1844 Lenz, 1848
Poggendorff, 1849 J. Müller, 1859 Zöllner und 1874 A. K. von
Waltenhofen beschäftigten. Eine äußerst praktische Verwendung der Glüherscheinung an dünnen Drähten gab der
Mediziner A. Th. Middeldorpf, indem er die operative Heil-
kunde 1854 durch die Galvanokaustik bereicherte. Schon
vorher hatte sich M. Heider (1845) vorübergehend auf den
Vorschlag Steinheils (1843) hin des durch Elektrizität glühenden Drahtes zur Zerstörung von Zahngeschwüren bedient.

Im Jahre 1838 schlug Jobard eine Lichtquelle vor, die aus
einer galvanisch glühenden Kohle im Vakuum bestehen sollte.
W. R. Grove (1840) und F. Moleyns (1841) empfahlen zum
gleichen Zweck eine Platindrahtspirale, doch besaßen die
26 Lampen, die J. W. Starr 1845 zu London vorführte, Kohle.
M. G. Farmer in Newport hatte angeblich schon im Juli 1859
eine Glühlampenanlage in seinem Hause. Von einer ratio-
nellen Ausnutzung konnte erst die Rede sein, als W. E.
Sawyer in New York im Sommer 1877 Patente auf die Herstellung der Glühkörper aus Holz oder Papier erhalten und
die sog. Parallelschaltung eingeführt hatte. Th. A. Edison
richtete dann 1879 auf dem Dampfer „Columbia" eine Anlage von 115 Glühlampen ein, bei denen eine verkohlte Bam-
busfaser den Glühkörper bildete. Ein Haus in Berlin soll
(April 1882) die erste Glühlampenanlage Deutschlands be-
sessen haben. Seit man in den Dynamomaschinen über brauchbare Starkstromquellen verfügte und die Lampenfabrikation
brauchbare Herstellungsverfahren ermittelt hatte, konnte sich
die Beleuchtung mit Glühlichtern mehr und mehr einbürgern.
In der neuesten Zeit arbeitet man darauf hin, bei tunlichst
kleinem Stromverbrauch eine möglichst große Lichtstärke zu

erzielen. Ganz besonders erwähnen wir hier nur die Lampe von W. Nernst und das Osmiumglühlicht von Karl Auer von Welsbach, beide vom Jahre 1898.

Um den Zündgefahren bei Kurzschluß einer elektrischen Kraftanlage vorzubeugen, hat Edison 1878 die sog. Bleisicherung angegeben, die normalen Strom weiterleitet, durch „Überstrom" jedoch durchschmilzt und ihn so selbsttätig unterbricht.

Mit der billigeren und bequemeren Stromgewinnung suchte man auch das elektrische Bogenlicht passend zu verwerten. An Stelle der Holzkohlenstäbe Davys führte Foucault (1844) Kohlenstifte ein, die nach Bunsen aus Retortenkohle, Ruß und Steinkohlenteer gepreßt werden. Wo man das Bogenlicht nur ganz vorübergehend benutzte, suchte man den stets gleichen Abstand der Kohlenstifte durch einen Handregulator zu erzielen. Bei Dauerbetrieb ist dies natürlich nicht angängig. Man konstruierte daher eine große Reihe passender Mechanismen. Foucault und Duboscq erzielten das Auseinanderziehen und Nachschieben der Stifte durch ein Uhrwerk (1848). Der russische Elektrotechniker P. Jablochkow (1847—94) gab 1878 die seinen Namen tragende „Kerze", welche jedoch mit Wechselstrom gespeist werden muß. Im folgenden Jahre (1879) ersann F. von Hefner-Alteneck (g. 1845) seine allbekannte Differentiallampe und schuf damit während der Gewerbeausstellung zu Berlin die erste Bogenlampenanlage in der Passage. Zuletzt gedenken wir der Lampe der Herren Piette und Krizik (1880), deren man sich vielfach für Projektionsapparate usw. bedient. Dort hat sich überhaupt das elektrische Licht schnell an Stelle des Kalklichts (1826) von dem Ingenieur Th. Drummond (1797 bis 1840) Eingang verschafft.

Rüstet man die Bogenlampe mit einem Parabolspiegel aus [Schuckert & Cie. 1886], so erhält man einen äußerst zweckdienlichen Scheinwerfer von beträchtlich erhöhter Lichtstärke. So befand sich z. B. auf der (11.) Weltausstellung zu Chicago (1893) ein Scheinwerfer von Schuckert & Cie., der bei 60 Volt und 180 Ampère durch einen Spiegel die Lichtstärke von 47 000 Kerzen auf 194 000 000 brachte, so daß man das Licht noch in einer Entfernung von 128 km wahrnehmen konnte.

Der Bergwerksingenieur de Bernardos in Petersburg

benutzte (1887) erstmalig den Lichtbogen zum Löten, indem er eines der Metallstücke und einen Kohlenstift zur Stromführung verwendete und letzteren wie einen Lötkolben gebrauchte. Besser war das von dem Amerikaner Coffin gegebene Verfahren, bei dem der durch einen genäherten Magneten abgelenkte Lichtbogen wie eine Lötrohrflamme wirkt. Elihu Thomson ersann 1888 die elektrische Schweißung, wobei der Strom durch die Berührungsfläche der beiden fest aneinandergedrückten Metallstücke fließt.

Im Jahre 1886 verstanden es die Gebrüder Eugène und Alfred Cowles, die Elektrizität für ein besonderes metallurgisches Verfahren in Anwendung zu bringen, das z. B. eine äußerst billige Darstellung des Aluminiums ermöglicht. Henri Moissan (g. 1852) konnte 1884 mit seinem elektrischen Ofen durch Schmelzen von Eisen mit gepulverter Holzkohle kleine künstliche Dimanten erzeugen. Im Jahre 1892 glückte ihm die Herstellung von Calciumkarbid aus gepulvertem Kalk und Koks im elektrischen Ofen, und ermöglichte so Willson (1892) die Schaffung einer ganzen Azetylenindustrie.

Nachdem wir die magnetelektrischen Maschinen und ihre hauptsächlichsten Verwendungsgebiete besprochen haben, bleibt uns noch dieselbe Aufgabe für die elektromagnetischen Induktionsapparate zu erledigen. Im Jahre 1836 beschäftigte sich Masson (1806—60) damit, starke Induktionsströme durch rasches Öffnen und Schließen eines Primärstroms hervorzurufen. Er konnte jedoch nur physiologische Wirkungen damit erreichen. Ausschließlich für solche war der von E. du Bois-Reymond (1818—96) konstruierte Schlittenapparat (1841) bestimmt, der als Unterbrecher einen „Wagnerschen Hammer" (1837) hatte. Häufig ist diese Vorrichtung nach dem Arzte Neeff (1782—1849) in Frankfurt genannt, jedoch mit Unrecht, da der auf Seite 111 genannte J. P. Wagner sie ersonnen hat. Sie bildet einen wesentlichen Bestandteil der elektrischen Klingel, deren Erfinder leider unbekannt ist.

War es auch 1848 Masson und Breguet (1804—83) gelungen, im Vakuum Lichteffekte durch Induktionsströme zu erzielen, so wurde die Funkenbildung in freier Luft erst durch die berühmten Apparate des 1803 in Hannover geborenen Heinrich Daniel Rühmkorff (1851) ermöglicht. Da er sich in Frankreich aufhielt († 1877 zu Paris), ist die französische Benennung Rumkorff verständlich. Doch darf man nicht, wie das gang und gäbe ist, dieses Wort als deutsches lesen. Seine Apparate gaben bald Funken von über 40 cm Länge, die „selbst den Unerschrockensten zittern machen konnten". Nach einem Vorschlage von Poggendorff hat E. Stöhrer (1813—90) diese Apparate etwas verändert. Eine wichtige Verbesserung bedeutete die Einführung des Kondensators von Fizeau (1853) zur Schwächung des Öffnungsfunkens. Foucault brachte (1856) auf Poggendorffs Rat (1855) hin eine schlecht leitende Flüssigkeit an die Unterbrechungsstelle des Wagnerschen Hammers. Wir erwähnen noch den Unterbrecher von M. Deprez (1881) und den „elektrolytischen Interruptor" von A. Wehnelt (1899), sowie die rotierenden Quecksilberunterbrecher, deren erster wohl von Kirn (1884) stammt.

In einer Reihe von Fällen kann man sich heute statt der Induktionsapparate auch der Influenzelektrisiermaschine bedienen, deren erste von G. Belli (1791—1860) im Jahre 1831 konstruiert wurde. Holtz (g. 1836) und Töpler (g. 1836) haben ihre bekannten Maschinen gleichzeitig (1864), aber unabhängig voneinander ersonnen. Auf einem völlig anderen Prinzip beruht die Wasserinfluenzelektrisiermaschine von W. Thomson (1867).

Im Jahre 1860 ließ Masson die Entladung eines Rühmkorffschen Funkeninduktors in der Barometerleere erfolgen. Gassiot (1797—1877) verwendete zum gleichen Zweck evakuierte Glasröhren, wie sie später von dem Glasbläser Heinrich Geißler (1814—79) in vortrefflicher Ausführung verfertigt wurden, so daß Plücker (1801 bis 68) den Vorschlag machte (1858), sie nach diesem zu nennen.

Bevor wir zum Abschlusse unserer Betrachtungen die Entladungserscheinungen in diesen Röhren näher ins

Auge fassen, verweilen wir noch bei dem Studium der
Funkenentladung. Wheatstone hatte sich 1834 damit
beschäftigt, die Dauer derselben zu messen. Aus der
Länge eines Funkens in einem rotierenden Spiegel von
bekannter Umdrehungsgeschwindigkeit berechnete er sie
zu $42 \cdot 10^{-6}$ Sekunden. Dabei erhielt er auch die Fortpflanzungsgeschwindigkeit der Elektrizität in Kupferdraht
zu 430 000 km in der Sekunde. Der Funke ist jedoch
nicht eine einzelne Entladung, sondern eine Summe
vieler partieller. Helmholtz (1847) und Thomson (1853)
machten darauf aufmerksam und betonten, daß bei einer
Batterieentladung ein Oszillieren der Elektrizität eintreten
müsse. Feddersen (geb. 1832) konnte dies auch wirklich 1858 nachweisen, indem er das Funkenbild im rotierenden Spiegel photographierte. Maxwell (1831 bis
79) erkannte (1865), daß der Funke der Ausgangspunkt
elektrischer Wellen ist, die sich mit der Geschwindigkeit
des Lichts allseitig verbreiten, und erweiterte diesen Gedanken in der Folgezeit zu seiner bekannten elektromagnetischen Theorie des Lichts, für welche die sog. kritische Geschwindigkeit eine Hauptstütze bildet. Gibt man
nämlich irgend eine elektrische Einheit elektromagnetisch
und elektrostatisch gemessen an, so bildet deren Verhältnis eine einfache Potenz einer Größe v, die die Dimen-
sion einer Geschwindigkeit $[l \cdot t^{-1}]$ hat. Ihr Wert ist mehrfach ermittelt worden, wohl zuerst von W. Weber und
R. Kohlrausch (1856). Aus allen Messungen nach den
verschiedenartigsten Methoden durch W. Thomson, Maxwell, Ayrton, J. J. Thomson, Klemenčič, Himstedt usw.
ergibt sich eine bedeutende Übereinstimmung von v mit
der Fortpflanzungsgeschwindigkeit des Lichts. Maxwell
vertritt daher die Anschauung, der Äther vermöge Licht
und Elektrizität zu übermitteln. Die Folgerung, daß die

Dielektrizitätskonstante eines Stoffes gleich dem Quadrat des Brechungsexponenten sein muß, fand man besonders für Gase bewahrheitet.

Bestätigten zwar theoretische Betrachtungen in größer Zahl Maxwells Hypothese von elektromagnetischen Ätherschwingungen, so entbehrte sie noch des 'zwingenden experimentellen Nachweises. Diesen lieferte unser leider viel zu früh verstorbener Landsmann Heinrich Hertz (22. II. 1857—1. I. 1894), damals ordentlicher Professor der Physik an der technischen Hochschule in Karlsruhe. In einem auf der 62. Versammlung deutscher Naturforscher und Ärzte zu Heidelberg gehaltenen Vortrage: „Über die Beziehungen zwischen Licht und Elektrizität" (Heidelberg 1889) stellt er zunächst die Behauptung auf: „Das Licht ist eine elektrische Erscheinung, das Licht an sich, alles Licht, das Licht der Sonne, das der Kerze, das eines Glühwurms. Nehmt aus der Welt die Elektrizität, und das Licht verschwindet; nehmt aus der Welt den lichttragenden Äther, und die elektrischen und magnetischen Kräfte können nicht mehr den Raum überschreiten." Hertz gibt dann im weiteren Verlaufe. seine beweiskräftigen Experimente an. Er benutzte Schwingungen, deren Dauer etwa $1/1\,000\,000$ Sekunde und deren Wellenlänge 33 cm war. Die erzeugten Strahlen elektrischer Kraft ließen sich dann durch eine Metallwand nach dem optischen Gesetze reflektieren, durch gewölbte Spiegel konzentrieren und durch ein 600 kg schweres und 1,5 m hohes Pechprisma von 30⁰ brechendem Winkel brechen. Es gelang Hertz, auch die Polarisationserscheinungen durch Verwendung zweier Zylinderspiegel (Polarisator und Analysator) und eines Kupferdrahtgitters, das sich wie ein Nicolsches Prisma verhielt, hervorzurufen. Indem Hertz die Fortpflanzungsgeschwindigkeit der Wellen ermittelte,

erhielt er einen der Lichtgeschwindigkeit sehr nahe
kommenden Wert. Besonders J. Klemenčič (geb. 1853)
bestätigte dies in sehr sorgfältigen Versuchen. Sarasin
(geb. 1843) und L. de la Rive nahmen die Experimente
auf, an denen Hertz durch seine Krankheit gehindert war,
und bewiesen, daß sich, wie es die Theorie von Maxwell
auch verlangte, die elektrische Erregung in der Luft und
in Drähten gleich schnell verbreitete.

Zur Objektivierung der elektrischen Wellen bediente
sich Hertz des „Resonators", eines zusammengebogenen
Drahtstücks, zwischen dessen sehr genäherten Enden ein
kleines Fünkchen überspringen konnte. Zur bequemeren
Demonstration gab 1892 L. Zehnder die seinen Namen
tragende Röhre an. Weitaus am empfindlichsten für solche
Zwecke ist der „Radiokonduktor" (1890) von Branly
(geb. 1844). Dabei benutzt man die schon 1838 von
Munck af Rosenschöld bemerkte Tatsache, daß feines
Metallpulver durch elektrische Entladung seine Leitfähigkeit ändert. Wir pflegen Branlys Empfänger heute „Frit-
ter" oder [1892 Lodge: coherer] Kohärer zu nennen.
Seine Hauptbedeutung liegt in der Verwendung für die
elektrische Telegraphie ohne Drahtleitung.

Mit den Hertzschen Versuchen war eigentlich das Problem der drahtlosen Telegraphie im Prinzip schon gelöst.
Als jedoch (1889) ein Ingenieur in München sich an
Hertz mit der Frage wandte, ob man wohl jetzt an die
schon lange versuchte drahtlose Telegraphie denken könne,
antwortete Hertz verneinend. Hughes, Crookes, Lodge
usw. glaubten zwar an die Möglichkeit, doch erfolgte die
Ausführung erst 1897 durch den Italiener Guglielmo
Marconi, der in diesem Jahre bereits über den 14,5 km
breiten Bristolkanal seine Telegramme sandte. Man tut
jedoch Hertz unrecht, wenn man ausschließlich Marconi

zum Erfinder der drahtlosen, oder wie Slaby besser sagt, „Funkentelegraphie" stempelt. Außer dem Systeme Marconis gibt es noch einige andere von Bedeutung; wir nennen diejenigen von Slaby-Arco und Braun-Siemens, dürfen jedoch auf weitere Angaben verzichten.

Bei der „lichtelektrischen Zeichenübertragung" (1898) von K. Zickler benutzt man die Beobachtung von Hertz (1887), daß Lichtstrahlen von geringer Wellenlänge, also besonders ultraviolette, elektrische Funkenentladungen auszulösen vermögen. Auf die Tatsache, daß ultraviolettes Licht eine negative Ladung mehr oder weniger schnell „zerstreut", stützt S. Arrhenius seine photoelektrische Hypothese für die atmosphärische Elektrizität. Auf letztere beziehen sich Arbeiten von Erman 1812, Peltier 1842, Exner 1898, Sohncke, Lenard, Elster und Geitel 1899 ff., sowie Ebert 1901.

Zu all den zahlreichen Bestätigungen der elektromagnetischen Lichttheorie ist als unstreitig bedeutendste nach den Arbeiten von H. Hertz der sog. Zeeman-Effekt hinzugekommen. Man versteht darunter die von dem holländischen Physiker Pieter Zeeman in den letzten Tagen des Jahres 1896 gemachte Entdeckung, daß die Farbe einer Lichtquelle im Magnetfeld verändert wird. Allerdings ist dies nicht mit dem Auge direkt wahrnehmbar, wohl aber mit dem Spektroskop. Es zeigen sich nämlich die D-Linien einer Natriumflamme im Magnetfeld deutlich verbreitert, ja sogar vervielfacht.

Auf die zahlreichen experimentellen und rein theoretischen Forschungen, die sich an die bis jetzt behandelten und noch zu besprechenden Fragen anknüpfen, können wir nicht weiter eingehen. Sie alle wird erst das 20. Jahrhundert, ja vielleicht nicht einmal dieses in ihrer vollen Bedeutung würdigen können. Ein einigermaßen gerechtes Urteil ist am heutigen Tage eigentlich noch nicht möglich, und von einem objektiven Rückblick, wie ihn die geschichtliche Darstellung fordert, kann heute noch keine Rede sein. Wir begnügen uns daher bei unserer Schlußbetrachtung mit den einfachsten Angaben.

In einer Abhandlung (1869) „über die Elektrizitäts-leitung der Gase" machte Hittorf erstmals auf die Ka-thodenstrahlen (wie Goldstein sie nannte) aufmerksam, die bei einer bestimmten Luftverdünnung auftreten, und beschrieb außerdem die schon vorher bekannte Einwir-kung des Magneten auf das Licht in einer Geißlerschen Röhre sehr eingehend. Sehr interessante Ergebnisse konnte W. Crookes (geb. 1832) verzeichnen (1876), als er bei Fortsetzung seiner Studien über das Radiometer die mechanischen, thermischen und optischen Wirkungen der Kathodenstrahlen entdeckte. Er glaubte, einen neuen vierten Aggregatzustand gefunden zu haben, und sprach, einen Ausdruck Faradays (1816) verwertend, von „strah-lender Materie". Der weitere Verfolg dieser Arbeiten führte E. Goldstein zu den „Kanalstrahlen" (1886).

Da Hertz gefunden hatte, daß dünne Blattmetalle die Kathodenstrahlen hindurchdringen lassen, konnte Lenard (geb. 1862) mit Erfolg darangehen (1892), diese Strah-len durch ein Aluminiumfenster der Röhre in die freie Luft hinaustreten zu lassen und sie dort zu untersuchen. Ende 1895 bemerkte Röntgen (geb. 1845), daß von der Vakuumröhre unsichtbare Strahlen ausgehen, die einen mit Bariumplatincyanür bestrichenen Schirm aufleuchten lassen. Diese X-Strahlen, wie Röntgen sie wegen ihrer unbekannten Natur damals nannte, sind photographisch wirksam, gehen durch Holz, Papier, Muskeln usw., werden dagegen von Metallen, Glas, Knochen usw. mehr oder weniger aufgehalten. Die Möglichkeit, die Knochen des Körpers dadurch im Schattenbilde sichtbar zu machen, bzw. Aufschlüsse über das Innere des lebenden Menschen zu erhalten, hat ein weites Anwendungsgebiet („Radio-

skopie") für die Röntgenstrahlen geschaffen und berechtigt
zu den schönsten Hoffnuungen.

Bei weiterer Verfolgung der Frage, ob eine Fluoreszenzerscheinung stets das Auftreten von Röntgenstrahlen
bedingt, fand (1896) Henri Becquerel (geb. 1852),
daß Uran und seine Verbindungen (Pechblende) bei längerer Exposition die photographische Platte beeinflussen,
selbst wenn undurchsichtige Stoffe dazwischen gelegt sind.
Es konnte keinem Zweifel unterliegen, daß man es mit der
Emission unsichtbarer (Becquerel-) Strahlen zu tun habe.
Bei der Untersuchung der Frage, welchen Substanzen besonders diese „Aktivität" zukomme, fand das pariserisch-
polnische Ehepaar Philippe und S. Ladowska Curie (1898),
daß dies besonders zwei dem Wismut und dem Barium
ähnliche Stoffe seien. Ersteres verlor seine Strahlungs-
fähigkeit bald und erwies sich als radioaktives Wismut.
In dem anderen, dem „Radium", haben wir einen Körper,
der zurzeit im Vordergrunde des physikalischen Interesses
steht und wohl noch lange stehen wird.

Viel, vielleicht schon zuviel Spekulation knüpft sich
an das geheimnisvolle Wunder der Radioaktivität. Dem
forschenden Menschengeiste haben sich neue, nie geahnte
Perspektiven eröffnet, die der physikalischen Wissenschaft
auf lange Zeit den Weg vorgezeichnet haben. Es scheint,
daß vor allem die Radiumforschung dazu berufen ist, das
alte, aber noch heute zutreffende Wort von du Bois-Reymond seiner Wahrheit zu berauben: „Vor der Frage, was
der Stoff sei, stehen wir noch so ratlos, wie die alten
ionischen Philosophen."

Namenregister.

Sachregister.

9 783957 001238